谨以本书献给

北京师范大学天文系建系 60 周年

(1960—2020)

谨以本书献给

已逝的母亲韩玉珍(1939.07.10—2020.08.26)

在本书稿的校对和修改期间，母亲在我身旁永远地睡着了！

宇宙学导论

张同杰　刘文斐　李时雨◎编著

INTRODUCTION TO COSMOLOGY

科 学 出 版 社

北　京

内 容 简 介

本书是研究生教材《现代宇宙学》的姊妹篇、基础篇，是学习宇宙学基础知识必备的一本教材。遵照"有所为有所不为"原则，本书仅仅详细介绍标准(或者平滑或者零阶)宇宙学的基本理论和观测，而不涵盖其他非主流宇宙学理论和思想。具体内容包含宇宙的创生、暴胀、最初三分钟轻元素的产生和微波背景辐射与中微子的产生过程以及作为宇宙学预备知识的牛顿宇宙学；重点从基于广义相对论得出的宇宙动力学方程出发，详细介绍时空度规的概念、运动学和动力学，以及经典宇宙学检验等宇宙学基本理论和观测。

本书适合没有学过广义相对论的天文系、物理系和数学系的中高年级本科生使用，也可供天文和物理科学工作者以及天文系和物理系的研究生参考。

图书在版编目(CIP)数据

宇宙学导论/张同杰，刘文斐，李时雨编著. —北京：科学出版社，2021.7

ISBN 978-7-03-069324-2

Ⅰ. ①宇… Ⅱ. ①张… ②刘… ③李… Ⅲ. ①宇宙学－概论

Ⅳ. ①P159

中国版本图书馆 CIP 数据核字（2021）第 132981 号

责任编辑：陈艳峰 孔晓慧／责任校对：彭珍珍
责任印制：赵 博／封面设计：有道文化

科学出版社出版
北京东黄城根北街 16 号
邮政编码：100717
http://www.sciencep.com
涿州市般润文化传播有限公司印刷
科学出版社发行 各地新华书店经销
*
2021 年 7 月第 一 版 开本：B5(720 × 1000)
2024 年 2 月第四次印刷 印张：10 1/2
字数：198 000
定价：98.00 元

前　言

新型冠状病毒的全球大爆发是人类与大自然的失衡，因此人类需要对大自然和生命时刻保持敬畏。新型冠状病毒自 2020 年 1 月开始肆虐中华大地，中华儿女在中国共产党的领导下，众志成城，奋力抗疫，最大限度地保护了人民的生命安全，最大程度上在中国这片土地上保证了平衡和谐社会的稳定和发展，向世界展示了一个强大的、负责任的中国。在这场没有硝烟的战斗中，我们不是医生，只有认真做好教学和科研的本职工作来表达对英雄们的崇高敬意。我们努力工作使持续了 2 年之久的《宇宙学导论》最终得以完成。

自 20 世纪 70 年代以来，国际天文界的宇宙学专著、译著和教材数量不下百种。宇宙学课程也相继在国内外大学物理系和天文系开设，但是大部分针对研究生。天文系的本科学生如果不学一门宇宙学课程，其天文知识结构则不完整，也不利于其后续的研究生学习。但是目前大多数宇宙学著作和教材内容太多，甚至包罗万象，只能作为手册查用；并且许多内容也偏难。其作者群中也不乏国际知名宇宙学权威，他们尽可能把所有宇宙学相关知识包含在内，但重点内容不够突出。这些教材大多不适合还没有学过广义相对论的本科生，甚至研究生也很难使用。

我自 2003 年起在北京师范大学天文系开设本科生和研究生宇宙学课程，两者的分界线是广义相对论。研究生课程基于广义相对论，对玻尔兹曼方程和引力场方程在理论上进行数学操作——微扰，展示宇宙中物质和辐射的扰动起源和演化。这一思想完美地体现在我和于浩然 2016 年翻译的《现代宇宙学》(科学出版社，2016；原书 *Modern Cosmology*（Academic Press，Elsevier）作者为美国天体物理学家 Scott Dodelson）一书中。该书是迄今为止国内外同行公认的适合天体物理和物理专业研究生使用的最好的宇宙学教材之一。

本书则是研究生教材《现代宇宙学》的姊妹篇、基础篇，是一本适合没有学过广义相对论的本科生使用的宇宙学教材。本书如同《现代宇宙学》一样遵照“有所为有所不为”原则，从基于广义相对论得出的宇宙动力学方程出发，仅详细介绍标准（或者平滑或者零阶）宇宙学的基本理论和观测，而不涵盖其他非主流宇宙学理论和思想以及深入细致的宇宙学观测（参见何香涛《观测宇宙学》)。另外，基于《宇宙学导论》这本教材和本科生宇宙学课程，由超星公司拍摄的“宇宙学（导论)”(双语）慕课（MOOC）课程经北京师范大学推荐、中国大学 MOOC 国际平台审核，作为第一批课程于 2020 年 4 月底在中国大学 MOOC 国际平台正式上线（https://www.icourse163.org/）。

本书适合天文系、物理系和数学系的中高年级本科生使用，也可以供天文和物理科学工作者以及天文系和物理系的研究生参考。由于水平所限，本书远没有达到极致，不妥之处在所难免，欢迎读者指出供再版修订之用。

谨以本书献给抗击疫情前线的新时代最可爱的医务工作者们！尤其是那些牺牲在抗击疫情前线的医务人员以及不幸感染病毒离开人世的人们，愿你们在宇宙另一个维度的时空中安息！愿地球上的人类与宇宙和谐共处。

感谢“宇宙学（导论）”（双语）课程自 2003 年在北京师范大学天文系开始讲授以来所有选课的天文系和物理系本科生，尤其是 2019—2020 学年春季学期选修该课的 2017 级天文系和物理系本科生及珠海校区（会同书院）2019 级本科物理学班的同学们。他们的质疑和提出的许多深刻问题促进了我们对宇宙学的深入理解和对本书的进一步修改。感谢我的硕士生、“宇宙学（导论）”（双语）课程的助教牛菁同学在本书的最后编写和修改中在科学插图和练习题解答提示方面的贡献，硕士生秦晋在科学插图方面的贡献，2017 级物理系励耘实验班王彧辰同学和 2021 级直博生洪玮（四川大学物理学院本科）指出书稿中的错误并给出修改建议。感谢 2015 级天文系本科生郑菁利用哈勃参量数据绘图。感谢本科生陈沂瑄绘制的精美宇航员示意图。感谢四川大学物理学院陶军教授在使用本书讲义讲授宇宙学课中发现错误并给出具体修改建议。最后特别感谢我的助教陈杰峰同学和 2020—2021 学年春季选修该课的 2018 级天文系和物理系励耘和协同创新实验班的同学们在使用本书讲义中发现错误及提出修改建议，有幸有他们陪伴本书直至出版。

经过极不平凡的 2020 年一整年的艰苦努力，在 2020 年的最后一天聆听国家主席习近平二〇二一年新年贺词“新年将至，惟愿山河锦绣、国泰民安！惟愿和顺致祥、幸福美满！”沉浸在巨大鼓舞之中，本书稿的修改和完善也终于接近尾声。

张同杰
2020 年 12 月 31 日

目　　录

第 1 章　引　　言

宇宙学是在整体上研究宇宙的诞生、演化和结局的天体物理科学。其英文 cosmology 来自 cosmos，即宇宙、秩序和和谐，隐含着人类对宇宙的美好向往，即和谐美好的宇宙之美，也是宇宙时空的终极之美。当今宇宙学鼻祖，2019 年诺贝尔物理学奖获得者，普林斯顿大学的詹姆斯 · 皮布尔斯（P. J. E. Peebles）也对宇宙学的古老问题做出了精辟描述："Behind physics is the more ancient and honorable tradition of attempts to understand where the world came from, where it is going, and why?" 世界从哪里来？往哪里去？为什么？20 世纪爱因斯坦的广义相对论的创立在历史上第一次提出了一种可检验的、令人信服的宇宙理论。依此我们认识到宇宙正在膨胀、曾经极度致密和炽热，这些理解使我们可以将原来的一些古老问题如"为何我们在这里？"和"我们如何来到这里？"等升级为根据当今天体物理理论和观测可定量回答的现代问题"宇宙中的元素是如何形成的？"、"宇宙为何如此平滑？"和"星系如何从这种平滑的起源中形成？"等。

在众多宇宙学理论中，最经得起观测检验的成功理论是大爆炸宇宙论。大爆炸宇宙论是 1948 年苏联数学家和宇宙学家亚历山大 · 弗里德曼（Alexander Friedmann，1888 年—1925 年）的学生俄裔美国科学家伽莫夫（G. Gamow，1904 年—1968 年）等把原子核和基本粒子物理与宇宙膨胀联系起来建立的热大爆炸元素形成理论。这个理论得到了哈勃膨胀、轻元素丰度和微波背景辐射三大观测支柱的强有力支持，称为标准宇宙学（standard cosmology）或者大爆炸宇宙学（图 1.1）。20 世纪 60 年代中期发现了宇宙微波背景辐射（cosmic microwave background radiation，CMBR），宣告了其他宇宙理论的失败，如稳恒态理论等。之后长达 25 年（1965 年—1990 年）对 CMBR 的观测没有发现其各向异性，表明宇宙早期非常均匀平滑。90 年代宇宙背景探测器（Cosmic Background Explorer，COBE）卫星首先发现了 CMBR 的各向异性，表明宇宙早期（宇宙诞生之后约 30 万年）并非完全均匀平滑，在宇宙等离子体中存在微小扰动。为了理解宇宙早期这些各向异性和微扰，我们必须超越标准宇宙学模型，即高阶宇宙学或者扰动宇宙学。我们知道标准宇宙学的基石是宇宙学原理，也称作哥白尼原理，即宇宙是均匀的、各向同性的。

当大爆炸模型牢牢屹立在坚实的三大观测支柱之上时，其他的天文观测也呈现出了宇宙的更多细节，隐约预示着宇宙中应该存在非重子物质。暗物质便横空

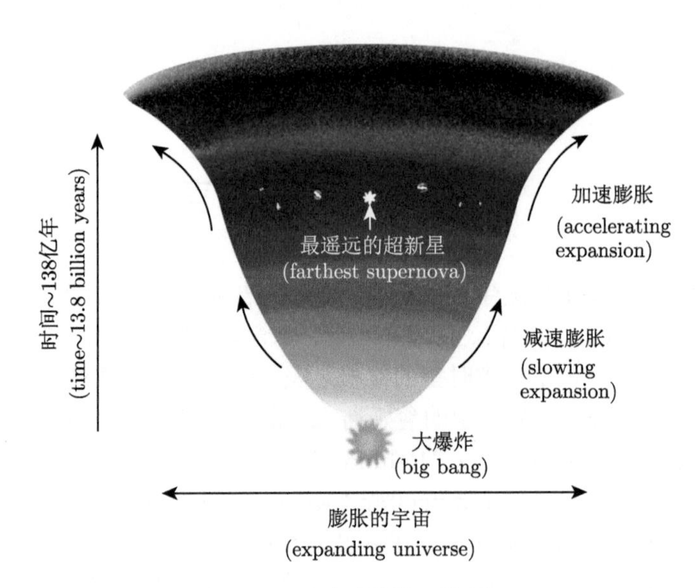

图 1.1　宇宙大爆炸示意图

出世, 逐渐成为天文学家所熟悉的概念，其最初设想由瑞士天文学家弗里茨 · 兹威基（Fritz Zwicky，1898 年—1974 年）在 1933 年首先提出，即利用可以探测引力场的星系旋转曲线预言了星系中暗物质的存在。星系的旋转曲线表明，几乎在所有可观测尺度上，由引力推测出的质量与可观测的质量（重子）之间都存在不一致。由于来自大爆炸核合成的限制，暗物质或者至少其中可估计的一部分一定是非重子的。这种新形式的物质是什么？它们在宇宙早期如何形成？目前最流行的设想是：暗物质由产生于宇宙极早期的基本粒子组成。

20 世纪的最后 20 年，许多旨在测量宇宙结构的大型星系巡天, 如斯隆数字巡天（Sloan Digital Sky Survey，SDSS）和 2 度视场（Two Degree Field，2DF）星系红移巡天，汇集上百万个星系的红移及其距离的数据，清晰地显示星系并非随机分布，宇宙在大尺度上存在结构。为了理解这些结构，我们必须超越标准宇宙学模型：宇宙不仅存在暗物质，还存在着对平滑宇宙的偏离。宇宙中必须存在暗物质成为超越标准宇宙学模型的第一个方面。CMBR 的各向异性和星系（或者物质，或者大尺度结构）分布的不均匀性迫使我们必须发展一些工具方法，研究标准宇宙学模型平滑背景附近的扰动。认识宇宙结构演化并且将理论与观测比较的最佳方法是测量 CMBR 的各向异性和物质在大尺度上如何分布，即大尺度结构的不均匀性。确认大尺度结构非均匀性和 CMBR 各向异性作为两个最大有可为的宇宙学研究领域，只解决了一方面的挑战问题。另一个非常重要的挑战是理解如何表征这些结构分布，使理论能够与观测比较。最重要的统计量是两点相关函数，其在傅里叶空间的对应体称为功率谱。高阶宇宙学或者扰动宇宙学的主要目标是发展第一原理来理解 CMBR 各向异性和大尺度结构非均匀性这些在功率谱（两点相关函数）理论方面的预言，也即理解宇宙中结构的形成，这已经成为当今众多宇宙学家的主要目标，也是超越标准宇宙学模型的第二个方面，它反过来也加强了通过对宇宙结构的观测得出暗物质必然存在的结论的超越标准宇宙学模型的第一个方面。特别地，星系分布的功率谱也表明，宇宙只含重子物质的理论预言和观测不符，因为只含重子物质的宇宙的结构很均匀。因此，暗物质不仅仅是解释星系旋转曲线的需要，而且也是解释宇宙在大尺度上结构形成的需要。当试图理解宇宙结构是如何演化之时，我们将不得不面临这样的问题：初始条件和结构形成的种子原初扰动是什么产生的？这个问题引导我们进入了超越标准宇宙学模型的第三个重要方面：暴胀理论。这个引人入胜的设想认为，宇宙在年龄仅为 10^{-35} s 时经历了一次剧烈的指数膨胀。直到最近，有关暴胀理论的观测证据还很少。作为一个可行的理论，暴胀理论主要因其美学感染力而存在至今。最引人注意的是，暴胀理论对宇宙的初始条件做出了具体的预言，并且今天这些预言已经有了观测结果，其中最令人激动的、意义深远的是呈现暴胀理论预言的特征形式的 CMBR 各向异性的观测结果。1998 年通过超新星的观测发现了宇宙的加速膨胀，其原因可能是暗能量的存在，这是超越标准宇宙学模型的第四个方面。

总之，20 世纪最后 20 年的宇宙学理论和观测上的发展把我们引向超越标准宇宙学模型（图 1.2)：① 暗物质的存在；② 需要理解零阶、平滑宇宙附近的扰动的演化（即高阶宇宙学或者扰动宇宙学)；③ 产生这些扰动的暴胀；④ 暗能量的可能存在。这些超越标准宇宙学模型的成分——暗物质 + 结构形成与演化 + 暴胀——所构成的理论模型，称为冷暗物质（cold dark matter，CDM）模型。这个名称中的“冷”字部分来自暗物质粒子在宇宙早期能够有效地成团的需要。如果暗物质不是冷而是热的，即它们具有很大的压强，那么宇宙结构将不会在适当的程度上形成。

本书只介绍标准（或者大爆炸）宇宙学或者零阶（或者平滑）宇宙学的基本内容，扰动宇宙学在研究生教材《现代宇宙学》中详细论述。标准（或者大爆炸）宇宙学原则上等于零阶（或者平滑）宇宙学，但其内容略有区分；超越标准宇宙学模型原则上等于高阶（或者扰动）宇宙学，但也是略有区分。四者之间互有包含重叠，其逻辑关系详见图 1.2。

宇宙学是 20 世纪天文学上的重大成果之一，伴随着科技的发展，她从定性描述到定量研究，直至 20 世纪末到达精确宇宙学时代。进入 21 世纪后，宇宙学上的重大发现层出不穷，从 2017 年的引力波到 2018 年宇宙黑暗时代 21cm 吸收线的观测发现，相信到 21 世纪末宇宙学家将会用望远镜看遍整个宇宙、把宇宙学的疑难几乎全部解决。虽说中国古人有云：**“天机”不可泄露**，但宇宙学家的终极使命是反其道而行之，将宇宙的“天机”公布于世。因此，宇宙学被誉为最精确、最优美和最富有诗意的科学（Cosmology is the most scientifically rigorous, aesthetically elegant，and the most poetic of the science)。

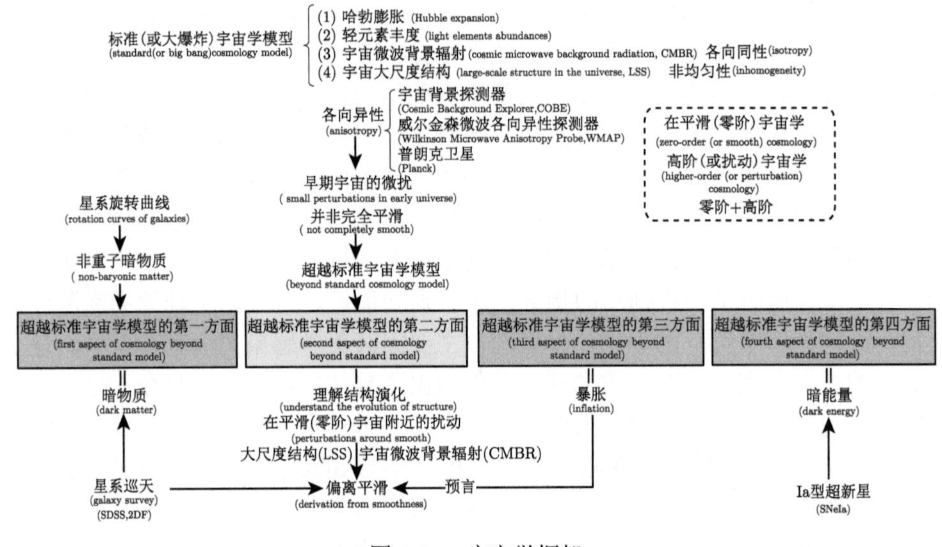

图 1.2　宇宙学框架

习　题

1.1　简述超越标准宇宙学模型的几个方面。

1.2　简述标准（或者大爆炸）宇宙学或者零阶（或者平滑）宇宙学、高阶宇宙学或者扰动宇宙学与超越标准宇宙学模型之间的逻辑关系。

第 2 章　大爆炸宇宙学

1948 年俄裔美国科学家伽莫夫等把原子核和基本粒子物理学与宇宙膨胀联系起来，建立了大爆炸元素形成理论，即大爆炸宇宙论。它基于的思想是，如果宇宙正在膨胀，那么在 138 亿年前，它起源于一个奇点。而且它能够可靠描述的宇宙演化的时间范围是从大爆炸后 1/100s 直到现在。重要的是，基于三个观测支柱，即哈勃膨胀、轻元素丰度和宇宙微波背景辐射，它取得了巨大成功。尽管如此，它也存在不完备性，即无法回答如果时光倒流至大爆炸后 1/100s，宇宙在 1/100s 时为什么以那种方式存在着。实际上，大爆炸宇宙论的想法最早是由比利时物理学家、天文学家勒梅特（Georges Lemaître，1894 年—1966 年）首先提出的。1927 年他求解爱因斯坦引力场方程获得了宇宙膨胀解。1932 年他提出现在的宇宙是由一个极端高热、极端高压高密的原始的原子大爆炸产生，即大爆炸宇宙学的雏形（图 2.1）。然而英国著名天文学家弗雷德 · 霍伊尔（Sir Fred Hoyle，1915 年—2001 年）非常不赞同大爆炸宇宙论，而是主张由英国天文学家邦迪（Hermann Bondi）和他本人以及戈尔德（Thomas Gold）等在 1948 年提出的稳恒态宇宙论。1949 年 3 月霍伊尔在英国广播公司 (BBC) 的一次广播节目中首次将勒梅特和伽莫夫等的理论称作“这个大爆炸的观点”（this big bang idea）作为对大爆炸宇宙模型的嘲讽，歪打正着，这反而成了这一理论名称的由来。20 世纪 60 年代发现的遥远的类星体和射电星系开始成为不支持稳恒态宇宙模型的证据，后来 1965 年发现的宇宙微波背景辐射则更是被大多数宇宙学家看作彻底宣告了稳恒态宇宙理论的失败和终结。

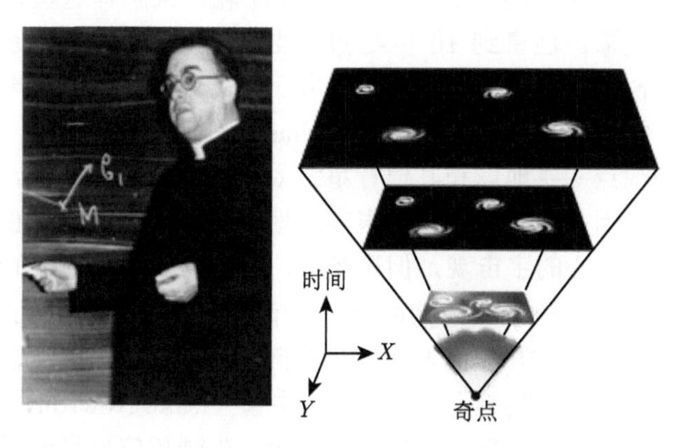

图 2.1　勒梅特及其大爆炸宇宙学的雏形示意图（图片来源：百度百科和中文维基百科）

2.1　宇宙学思想简史

现代宇宙学的基石是我们坚信人类在宇宙中所处的位置并不特殊，即所谓的宇宙学原理，它是既简单又强大的宇宙学思想。然而有趣的是，大部分的人类文明史都认为我们处于宇宙中的一个特殊的地方，通常是宇宙的中心。茫茫宇宙，我们到底在何处（图 2.2）? 实际上，宇宙学思想简史就是一部寻找宇宙中心、建立正确宇宙观的波澜壮阔的探寻历程史。

图 2.2　我们的家园在茫茫宇宙中的何处？

中国古代已经出现了许多宇宙起源学说。在《道德经》中，老子认为:“天下万物生于有, 有生于无（nothing）”或者“道生一，一生二，二生三，三生万物”。这是当今流行的宇宙从无中产生的最早思想。三国时期徐整著《三五历纪》里也记载着中国古代民间传说的盘古开天辟地的神话。因此中国古代的先哲们早已在思考宇宙的创生问题。

在西方国家更是涌现了大批的思想家穷其毕生精力研究宇宙、思考宇宙问题。古希腊人基于古希腊天文学家亚历山大 · 托勒密（Alexandrian Ptolemy，公元 90 年—168 年）发展和完善了地心说，相信地球必定位于宇宙的中心。月球、太阳和行星围绕着它运转，位置“固定”的恒星处于更远的地方。托勒密设想了一种复杂的圆形运动, 即托勒密本轮，来解释这些行星的运动，特别是行星逆行的现象。但直到 16 世纪初，波兰数学家、天文学家尼古拉 · 哥白尼（Nicolaus Copernicus，1473 年—1543 年）有力地陈述了近两千年前由古希腊第一个著名天文学家阿利斯塔克（Aristarchus，约公元前 315 年—约公元前 230 年）首先提出的观点——地球和其他行星绕太阳运动，即日心说。不同的行星以不同的速度运动，因此逆行现象可以很容易地用该理论解释。尽管哥白尼赞成摈弃以人类和地球为中心的宇宙观，但事实上，他认为太阳是宇宙的中心。

在德国天文学家、数学家约翰内斯 · 开普勒（Johannes Kepler，1571 年—1630 年）在 1609 年—1618 年间发现行星在椭圆轨道上绕太阳运动的经验科学定律（即开普勒三定律）的基础上，艾萨克 · 牛顿（Isaac Newton，1643 年—1727 年）建立了具有坚实数学基础的牛顿引力理论。牛顿相信恒星就像我们的太阳一样，以一种静止的状态均匀地分布在整个无限空间中。然而，牛顿似乎也意识到宇宙处于这样的静止状态是不稳定的。

在接下来的两百年里，人们越来越意识到我们附近的恒星并不是均匀分布的，而是位于现在已知为银河系的盘状集合里面。英国天文学家威廉 · 赫歇尔（William Herschel，1738 年—1822 年）等在 18 世纪末期就能够证认出这种盘状结构。但是他们的观测并不完美，他们得出错误的结论，认为太阳系位于银河系的中心（图 2.3）。直到 20 世纪初，这一理论才被推翻。美国天文学家哈洛 · 沙普利（Harlow Shapley，1885 年—1972 年）意识到我们并非处于银河系的中心，而是处于距中心三分之二半径距离处。即使这样，他显然仍然相信我们的银河系处在宇宙的中心。爱因斯坦在 1915 年发表了文章“Einstein general theory of relativity ”，建立了新理论——广义相对论。1917 年他将自己的广义相对论应用到整个宇宙上，发表了著名的文章《广义相对论的宇宙学考察》(“Cosmological considerations of GR”），成为现代宇宙学的奠基之作，标志着现代宇宙学的诞生。但是此时爱因斯坦还不知道存在河外星系。美国著名的天文学家爱德温 • 鲍威尔 • 哈勃（Edwin Powell Hubble，1889 年—1953 年）的第一项重要工作是于 1925 年测定仙女座星云（M31）的距离——使我们从宇宙观上第一次走出银河系（中国俗语：天外有天）。哈勃还在 1929 年发现了著名的哈勃定律：河外星系距离我们越远，退行速度越大，意味着宇宙在膨胀。哈勃定律的发现使现代宇宙学在全面的意义（既有理论又有观测的检验）上诞生了。直到 1952 年，德国天文学家沃尔特 · 巴德（Walter Baade，1893 年—1960 年）最终证明，银河系是一个相当典型的星系，这导致了现代宇宙学观点、宇宙学原理（有时也被称为哥白尼原理（Copernican principle)）的建立，即不论何人不论何地，宇宙看起来都是一样的。在这之前的 1948 年，俄裔美国科学家伽莫夫等把原子核和基本粒子物理学与宇宙膨胀联系起来，建立了大爆炸元素形成理论——大爆炸宇宙论。宇宙学原理随即成为大爆炸宇宙论的基石。霍伊尔等在 1948 年提出的稳恒态宇宙论基于完美宇宙学原理，即宇宙不随时间变化的宇宙学原理：物质（或者能量）从虚无中产生；宇宙是无限的；宇宙没有开端，没有终结，保持同样状态；宇宙正在扩张中，但从长远的时间来看，它仍然是静止的，符合完美宇宙原则。

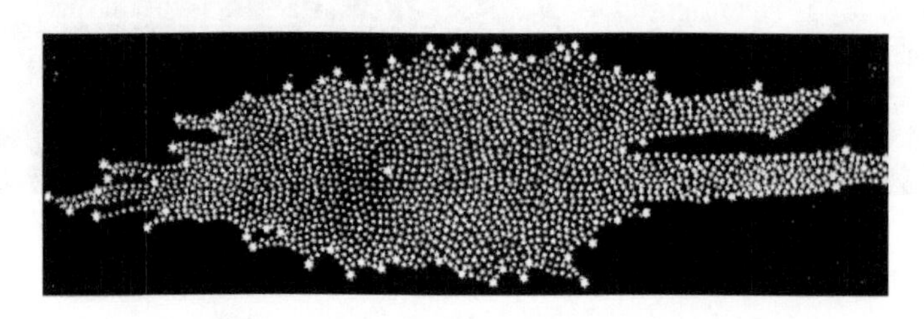

图 2.3 赫歇尔的银河系示意图（图片来源：百度百科）

我们需要强调的是，宇宙学原理并不是精确的。例如，恒星内部和星际的环境是非常不同的。更确切地说，它仅是一个近似，考虑的空间尺度越大，它成立得越好，一般而言，在 100Mpc·h^{-1} 之上（定义见 2.2.1 节）。即使个别星系的尺度使宇宙学原理成立得不是很好，但一旦我们考虑一个更加广阔的区域（虽然仍远小于宇宙本身），比如上百万个星系，我们就认为每一个这样的区域都或多或少地与其他区域相似，即宇宙趋于均匀，在这种情况下，宇宙学原理趋向于成立。宇宙学原理是针对宇宙整体的属性，因此对于小尺度的局部现象，这一规律不成立。

大爆炸宇宙学的思想是目前对宇宙最恰当的描述，本书的目的就是介绍其原因和大爆炸宇宙学的基本原理。大爆炸是展示宇宙作为一个实体不断演化的一幅美丽图景，与过去的宇宙学观点相比是非常不同的。最初，大爆炸理论不得不与稳恒态宇宙论匹敌竞争，直至 20 世纪 60 年代的宇宙微波背景辐射的成功观测才使稳恒态宇宙论彻底退出历史舞台。如前所述，宇宙学原理是大爆炸宇宙学的基础。宇宙学原理的建立标志着人类寻找宇宙中心，从地球到太阳，再到银河系，直到发现宇宙没有中心或者处处是中心的宇宙观的彻底形成（图 2.4）。

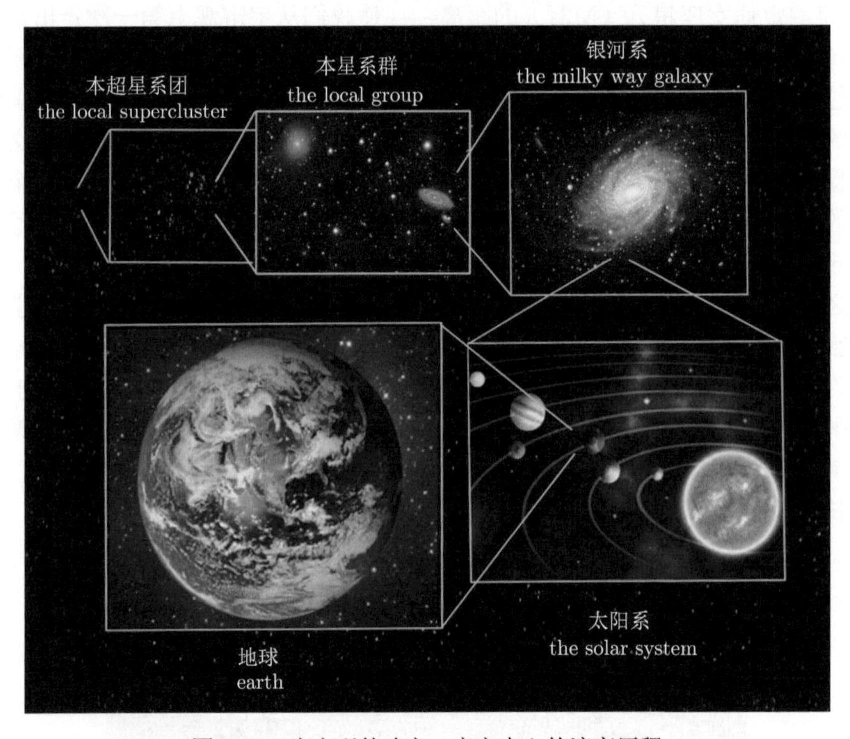

图 2.4　宇宙观的建立：宇宙中心的演变历程

习　题

2.1　简述大爆炸宇宙论和稳恒态宇宙论的区别。

2.2　简述寻找宇宙中心的演变历程，即宇宙观的建立过程。

2.3　假设银河系是宇宙中典型的星系，包含约 10^{11} 颗恒星, 并且星系之间的平均间隔是 1Mpc。估计宇宙的密度（结果用国际单位制表示），并将结果与地球密度比较。由此进一步理解宇宙学原理。$1M_{\odot} \approx 2 \times 10^{30}$kg，$1\text{pc} \approx 3 \times 10^{16}$m。

2.4　宇宙为什么在膨胀？

2.2　宇宙学观测概述

在大部分历史中，天文学家们都依靠光谱中的可见光部分来研究宇宙。20 世纪伟大的天文学成就之一就是电磁波谱（图 2.5）全波段天文观测的开发利用。现有的天文设备，从地面光学和射电望远镜等到空间气球、火箭、飞机和卫星望远镜用于观测射电、微波、红外线、可见光、紫外线、X 射线和 γ 射线，分别对应于上述情况中逐渐增加的不同频率的电磁波段（图 2.6）。我们甚至进入了一个超越电磁波谱可以接收其他类型信息的时代。超越电磁波谱包括中微子、高能宇宙线和引力波三个方面。1987 年对于近邻超新星观测的一个重要特征是我们也可以通过中微子探测到超新星的爆发，中微子是一种相互作用极弱的粒子，通常与放射性衰变相关。由高度相对论性基本粒子组成的能量非常高的宇宙射线，现在能够很平常地被探测到，虽然尚未清楚地了解它们的天文起源。引力波是时空扰动的波动，一种由双黑洞或者双中子星合并产生，2016 年以来已经被 LIGO（The Laser Interferometer Gravitational-Wave Observatory）和 Virgo 合作团队观测到；另一种由早期的暴胀产生，即背景引力波。

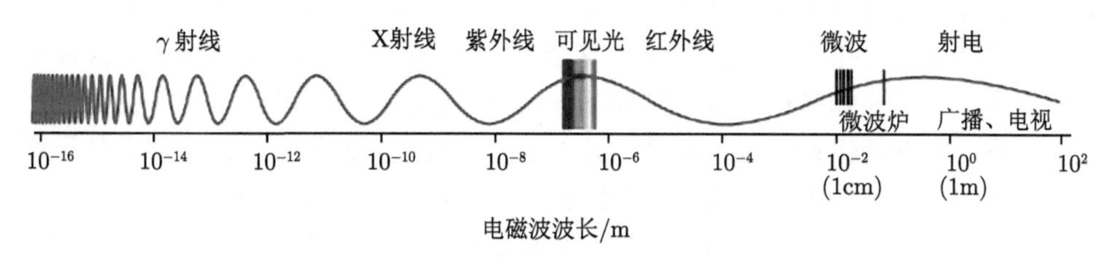

图 2.5　电磁波谱

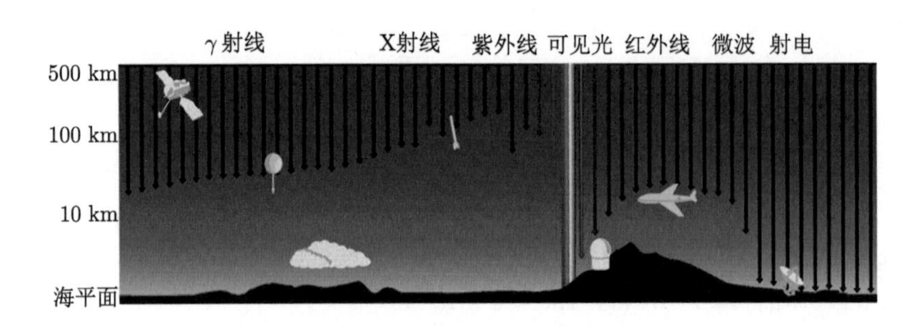

图 2.6 全波段全天候天文观测

基于大型地面和空间望远镜电磁频率全波段观测的问世已经彻底改变了我们视野中的宇宙图景，当然仍有可能存在一些我们对宇宙认知的重要空白。然而基于宇宙学原理，似乎确实存在一个关于宇宙中物质如何分布的图景，这需要全波段天文观测的支持，因为同一个天体使用不同的波段观测可以相互证认。

2.2.1 可见光

如前所述，从历史上看，宇宙的图景首先是通过可见光进行仔细的观测而建立起来的。因此可见光在天文学的观测历史中的地位至关重要。宇宙中的可见光来源于下面几个层次的天体。

恒星：宇宙中的可见光主要来源于恒星内部的核聚变。太阳是一颗相当典型的恒星，质量约为 2×10^{30}kg，被称为一个太阳质量，用符号 $M_\odot$ 表示，它是天文学中一个常用的质量计量单位，也是俗称的天文数字之一。距离我们最近的恒星有几光年之遥，一光年（1l.y.$\approx10^{16}$m）即光在真空中行走一年的距离。由于历史和计量方便的原因，在天文学中，距离使用另一种单位，即秒差距（pc）表示，它在宇宙学中更为常用，1pc≈3.261l.y.。在宇宙学中，人们很少考虑单个的恒星，而是把恒星的集合体星系视为最小单位。宇宙学家可谓“不拘小节”，但是随着 21 世纪以来精确宇宙学时代的到来，这个习惯也在逐渐改变。宇宙学家不仅需要了解星系，也需要知道在宇宙学时标下恒星的红移演化规律等。

星系：大量的恒星组成了星系，其光谱来自恒星光谱的叠加。太阳系处于称为银河系的盘状结构中偏离其中心的位置。银河系包括约 1000 亿（10^{11}）颗恒星，这些恒星的质量从太阳质量的十分之一左右至几十倍不等。银河系由隆起的核球加上半径为 12.5kpc（1kpc=10^3pc）、厚度仅为 0.3pc 的银盘。我们的太阳系位于银盘距银河系中心约 8.5kpc 处（图 2.7）。不识庐山真面目，只缘身在此山中。我们位于银河系内部，因此我们无法拍摄到其全貌，但它看起来酷似图 2.8 展示的 M100 星系。银河系被由恒星组成的较小的恒星集合围绕着，这些恒星集合被称为球状星团。球状星团大致对称分布在距离核球 5—30kpc 的范围内。通常情况下，球状星团包含约一百万颗恒星，被认为是星系形成的遗迹。整个银盘和球状星团系统镶嵌在一个更大的球状结构之中，这一结构被称为银晕，周围被暗物质晕包围（图 2.9）。星系是宇宙中最令人赏心悦目的美丽天体，它们拥有着不同的特性。然而在 21 世纪之前的宇宙学中，星系的详细结构通常是无关紧要的，可以视其为点光源，根据其颜色、光度和形态分为不同的子类。

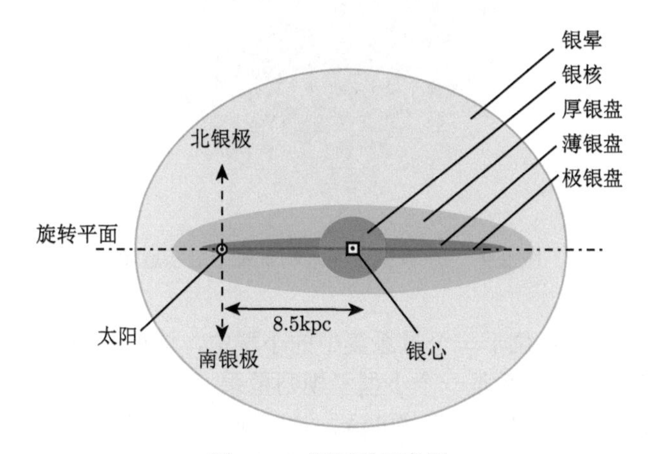

图 2.7 银河系示意图

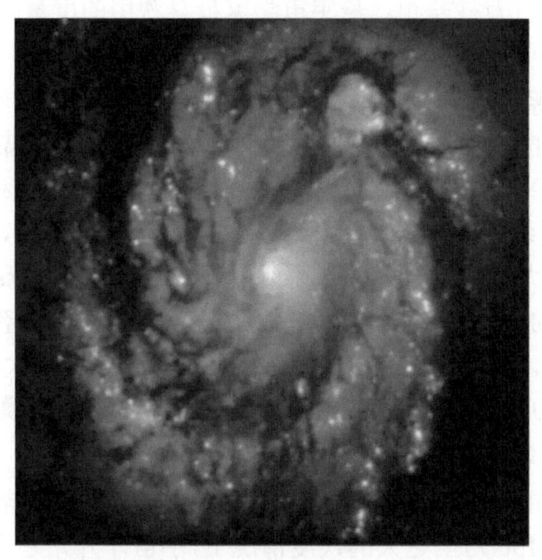

图 2.8 哈勃太空望远镜拍摄的 Ml00 星系（图片来源：美国宇航局 NASA 官网 https://www.nasa.gov/）

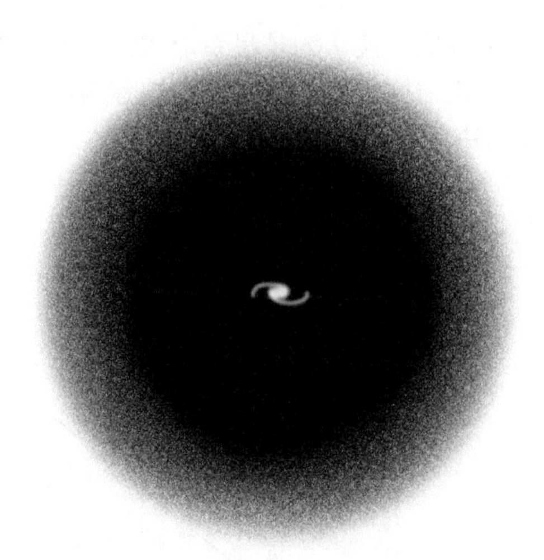

图 2.9 星系镶嵌在暗物质晕中的示意图

本星系群： 银河系位于一个星系集中的小群中，这群星系称为本星系群（图 2.4）。距银河系最近的星系是一个小型不规则星系，称为大麦哲伦云（Large Magellanic Cloud，LMC），距离太阳 50kpc。与银河系大小相差不多的最近的星系是仙女星系（Andromeda Galaxy），距离太阳 770kpc。银河系是本星系群中最大的星系之一。一个典型的星系群所占的空间体积为数兆秒差距的立方。兆秒差距，记作 Mpc，等于一百万秒差距，是宇宙学家最喜欢用的度量距离的单位，因为它大致是邻近星系之间的距离。

星系团、超星系团和空洞： 我们测量更大区域的宇宙，如约 100Mpc，可以看到如图 2.10 所示的各种大尺度结构。在一些地方，星系明显聚集形成星系团。一个很著名的星系团的例子是距银河系约 100Mpc 的后发星系团（Coma Cluster），它包含 10000 个星系，大部分星系太暗以至于观测不到，仅仅运行于它们共同的引力场中。然而，大多数星系不是星系团的一部分，这些星系被称为场星系。星系团是宇宙中最大的引力坍缩天体，它们又进一步聚集成了超星系团，由纤维状结和星系长城连接。在这些“泡沫”状结构之间，存在着很大的空洞（void），有些空洞能达到约 50Mpc 的尺度。高精度计算机宇宙学数值模拟可以模拟出这种大尺度结构，如图 2.11 所示。

大尺度结构： 如前大型星系巡天 2DF 星系红移巡天和斯隆数字巡天所呈现的那样，仅仅在数百 Mpc 乃至更大的尺度情况下，宇宙才开始趋于平滑均匀。2DF 星系红移巡天和斯隆数字巡天中，每个巡天都包含数十万星系，大约是 CfA（Center for Astrophysics）巡天的 100 倍。这两个巡天在比上述更大尺度上没有发现任何更加巨大的结构：超星系团和空洞可能是当今宇宙中最大的结构。宇宙在大尺度上确实变得光滑均匀的信仰，即宇宙学原理，是现代宇宙学的基础。但是近十年来物质在大尺度上均匀分布作为宇宙学的关键性假设，直到最近几年才可能给出令人信服的观测证据。

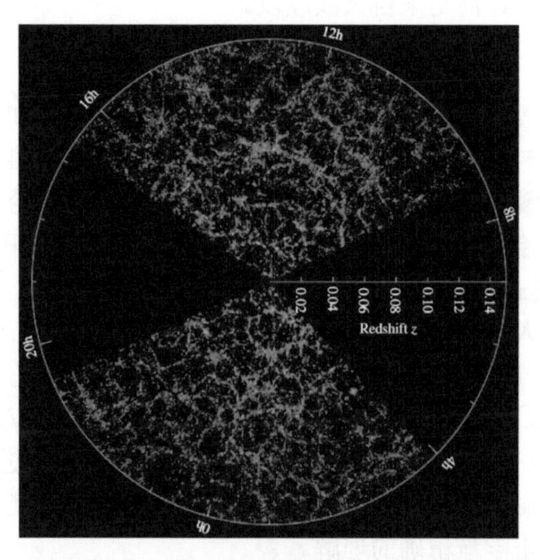

图 2.10　斯隆数字巡天中星系分布图。我们的银河系位于中心，巡天半径大约是 600Mpc（图片来源：美国斯隆数字巡天官网 https://www.sdss.org/）

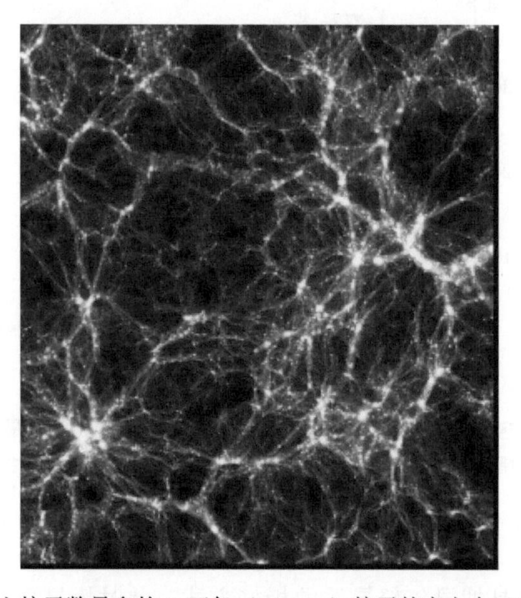

图 2.11　世界上粒子数最多的 3 万亿（trillion）粒子的宇宙大尺度结构数值模拟

2.2.2　其他波段

如前所述，可见光的观测很好地揭示了宇宙当前的状况。然而，其他波段对于我们更加深入理解宇宙也做出了重要贡献。尤其是我们对宇宙最好的认识不是来自电磁波的可见光，而是来自微波波段。

1. 微波

对于宇宙学，微波是迄今为止最重要的波段。彭齐亚斯和威尔逊（Penzias & Wilson）在 1965 年偶然发现，地球笼罩在微波辐射之中，相当于大约 3K 的黑体辐射，这是对大爆炸理论最有力的证据之一，而大爆炸理论正是宇宙学的基础。这种辐射现在称为宇宙微波背景辐射，即 CMBR。COBE 卫星的观测证实辐射接近温度为（2.725±0.001）K 的黑体辐射，如图 2.12 所示。此外，来自宇宙不同天区的温度也惊人地一致，这是目前宇宙学原理能作为宇宙学基础的最佳证据。事实上，如图 2.13 所示来自不同方向上黑体温度的十万分之一（$1/10^5$）的各向异性最先由 COBE 卫星在 1992 年测量到，随后 2003 年 Wilkinson Microwave Anisotropy Probe（WMAP）卫星和 2013 年 Planck 卫星都进一步作了高精度的测量和证实。宇宙微波背景辐射各向异性与宇宙最初的结构起源密切相关，其测量是迄今为止对宇宙学最精确的理解。

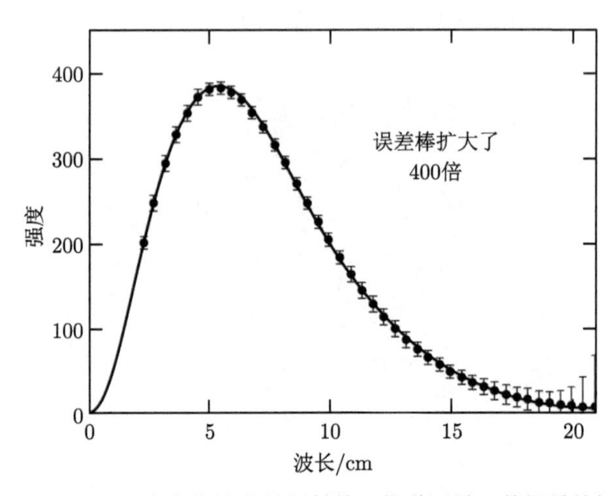

图 2.12　COBE 卫星对宇宙微波背景辐射的黑体谱测量。数据最佳拟合了温度在 $T=2.725\text{K}$ 的黑体谱（Mather J C, et al. ApJL, 1990, 354（172）：L37-L40）

2. 红外线

红外光谱部分是搜寻年轻星系的极好方式，此时恒星形成还处于早期阶段。红外巡天观测到的星系的群类与光学波段有些不同，当然，最亮的那些星系不论光学还是红外都可以观测到。红外波段在穿过我们银河系尘埃探测远距离的天体时具有很明显的优势，因为它被吸收和散射比可见光辐射少得多。因此，红外观测最适合用于研究靠近银盘的区域，这些地方被尘埃遮蔽得最厉害。红外线对于研究最遥远的星系来说也是至关重要的，其辐射由于宇宙的膨胀主要红移到光谱的红外部分，而远红外线可以探测星际尘埃颗粒的辐射，以便了解在可见光和近红外波段不透明的灰尘遮蔽环境。20 世纪 80 年代高度成功的红外天文卫星（IRAS）第一次完成了红外波段测量。

图 2.13 宇宙微波背景辐射各向异性测量温度天图（图片来源：WMAP 官网 https://map.gsfc.nasa.gov/）

3. X 射线

X 射线是星系团至关重要的探针。在星系之间极热的气体辐射出温度高达数千万开尔文的 X 射线，这种气体被认为是星系形成中没能坍缩成恒星的残余物质。

4. 射电波段

射电波段是获得远距离星系高分辨率图像的一种有效方式。宇宙学的一个重要的未来探索领域将是测量中性氢 21cm 发射线，这是由氢原子中电子的自旋翻转产生的辐射，使得探测在宇宙早期黑暗时代的中性氢原子的分布成为可能。2018 年 3 月美国科学家宣布使用一个咖啡桌大小的小射电望远镜首次在 78MHz 波段探测到了来自黑暗时代的中性氢 21cm 吸收线。这个重要发现需要更多不同的望远镜互相证认才能最终确认。

2.2.3 均匀性和各向同性

宇宙在大尺度上平滑的证据支持了宇宙学原理的应用。因此可以相信，大尺度宇宙具有两个重要的属性：均匀性和各向同性。均匀性是指宇宙处处看起来是相同的，而各向同性是指宇宙在各个方向都是一样的。这两个性质是相互独立的。一个性质成立并不自动地意味着另一个也成立。例如，拥有均匀磁场的宇宙是均匀的，因为所有的点都是相同的，但并非各向同性的，这是因为沿磁力线的方向和垂直于磁力线的方向是有区别的。或者，球对称分布从其中心点来看是各向同性的，但不一定是均匀的。然而，如果我们要求一个分布在每一个点都是各向同性的，这也就保证了其均匀性。

如前所述，宇宙学原理是不严格精确的，所以我们的宇宙也并不是绝对均匀和各向同性的。的确，均匀性的背离即扰动是目前宇宙学研究中最引人注目的课题，是宇宙结构的起源。但本书只关注宇宙作为一个整体的性质，假定宇宙在大尺度上是均匀和各向同性的，不考虑扰动，即本书只局限于零阶（或者平滑）宇宙学。

习　　题

2.5　用数学中的什么坐标系可以描述宇宙均匀性和各向同性？

2.6　在多大尺度情况下，宇宙才趋于平滑均匀？

2.7　宇宙均匀性和各向同性之间的逻辑关系是什么？

2.8　列出当今和未来星系巡天的详细情况：名称、观测实施时间、红移范围、天区大小、星系数目和参考文献或者网址。

2.3　宇宙的组成

要了解一个国家的性质，需要了解其政党组成部分，而且还需要清楚不同历史时期是哪个政党主导这个国家。不同时期不同政党主导，国家则呈现出完全不同的性质。类似地，宇宙的组成部分决定了其整体性质，因此需要了解不同演化时期宇宙的组成部分。

2.3.1　宇宙中的粒子

宇宙中的一切都是由基本粒子组成的，宇宙的整体行为依赖于这些粒子的性质。从基本粒子的运动物理性质来看，其中的一个关键问题是，粒子的运动是否是相对论性的。每个粒子的总能量都来自两种能量的贡献，即动能和质量–能量。

$$E_{\text{total}}^2 = m^2c^4 + p^2c^2 \tag{2.1}$$

其中 m 为粒子的静止质量，p 为粒子的动量。如果质量–能量占主导地位，粒子将以远小于光速的速度运动，即非相对论的。在这种极限下，我们可以得到

$$E_{\text{total}} = mc^2\left(1+\frac{p^2}{m^2c^2}\right)^{1/2} \approx mc^2 + \frac{1}{2}\frac{p^2}{m} \tag{2.2}$$

第一项即著名的爱因斯坦质能方程 $E = mc^2$，称为粒子的静止质量–能量，即当粒子静止时的能量。第二项是通常的动能（在非相对论条件下，$p = mv$）。如果质量–能量不占主导地位，粒子将接近光速，因此是相对论性的。特别地，任何静止质量为零的粒子永远是相对论性的并以光速运动，最简单的例子就是光子本身，其总能量 $E_{\text{total}} = pc$。

2.3.2 宇宙中的物质成分

这些基本粒子组成了宇宙中的各类成分，即物质（包括重子物质和暗物质）、辐射和暗能量。当然暗物质和暗能量可能不是由这些基本粒子组成的。

1. 重子物质

地球上的人类本身就是由原子组成的，原子的质量主要来自原子核中的质子和中子。质子和中子是由夸克这种更基本的粒子组成的，质子由两个上夸克和一个下夸克组成，而中子由一个上夸克和两个下夸克组成。由三个夸克组成的粒子一般称为重子。所有可能存在的重子中，只有质子和中子是稳定的，因此质子和中子被认为是宇宙中仅有的最具代表性的重子粒子。然而，用另一种术语来说叫做核子，仅仅指质子和中子。在粒子物理的单位中，质子和中子的质量–能量分别为 938.3 MeV 和 939.6 MeV，其中“MeV”是兆电子伏特，等于一百万电子伏特（eV）。

虽然电子肯定不是由夸克组成的，但是它们在宇宙学家看来通常包含在重子这一类之中。宇宙的一个关键属性是电荷中性的，所以每个质子都有一个电子与之对应。一个电子的质量仅有 0.511MeV，低于千分之一个质子的质量，电子的质量对于原子总质量的贡献是很小的一部分，一般忽略不计。

在现在的宇宙中重子通常是做非相对论运动，这意味着其动能远小于其质量–能量。重子在宇宙物质中的比例很小，仅百分之几。

2. 辐射

我们对宇宙的视觉感知来自电磁辐射，其频谱范围很广，充斥在宇宙之中。从量子力学的角度来看，电磁辐射是由单个颗粒组成的，类似一个个小的能量包，称为光子，通常由符号 γ 表示。光子传播速度等于光速，因为它们的静止质量为零，所以总能量总是等于其动能，并且与它们的频率有关：

$$E = hf \tag{2.3}$$

式中 h 为普朗克常数。光子可以与重子和电子相互作用，例如，高能光子可以将电子从原子中撞出去，这个过程称为电离，或者能与自由电子发生散射（在非相对论情况下称为汤姆孙散射，此时 $hf \ll m_{\mathrm{e}}c^2$，否则称为康普顿散射）。光子具有的能量越大，对其他粒子的影响越大。

3. 中微子

中微子是相互作用非常弱的粒子，产生于放射性衰变。现在重要的实验证据表明，它们的静止质量不为零，但目前尚不清楚这质量是不是大到足以产生观测宇宙学的效应。因此至今在宇宙学中把中微子的质量视为零仍是一个基础假设。本书的大部分内容都基于这一假设，在这种情况下，中微子像光子一样，是相对论的。光子和中微子组成了宇宙中的相对论物质。有时“辐射”是用来指所有的相对论物质。

中微子有三种类型：电子中微子、μ 中微子和 τ 中微子，如果它们的质量确实都为零，那么它们应该都存在于宇宙中。不幸的是，它们的相互作用是如此之弱，以至于现在没有希望直接探测中微子。本来它们的存在只是纯粹的理论预言，但是我们能够在一些宇宙学观测中间接地推断出宇宙中微子背景的存在。

因为中微子的相互作用很弱，实验中对中微子（尤其是后两种类型）质量的限制都相当弱。事实上，它们完全有可能具有质量，是非相对论的。有质量中微子在宇宙演化的晚期对结构的形成产生重要影响（见第 7 章）。

宇宙中的辐射分为两类：一类是来自宇宙中诞生于各个时期的天体的辐射，如遥远星系的辐射或者太阳的辐射等；另一类是来自宇宙的早期，至今弥漫在宇宙空间的辐射，称为宇宙背景辐射，它由宇宙微波背景（光子）、宇宙中微子背景和引力波背景三者共同组成（见第 6 章和第 7 章）。

4. 暗物质

暗物质不是粒子理论标准模型的一部分。它不发光，因此不能被直接探测到，它的存在只能间接地从其引力导致的其他天体的运动来推断。虽然有很多证据证明暗物质的存在，但是人们对它们以什么形式存在没有达成共识。暗物质的候选者有两个主要的类别：一种是多种粒子形成的某种致密天体，即重子暗物质；另一种是单独的基本粒子的形式，也即非重子暗物质。暗物质的质量范围很广，从电子的十万分之一的亚原子粒子质量到 100 万个太阳质量的黑洞质量。暗物质在宇宙中大部分以球状的暗物质晕的形式存在。星系（包含可见物质、气体和星际物质）位于暗物质晕的中心（图 2.14）。位于中心星系中的可见物质密度高于暗物质。由于暗物质不发光，也不反射光，我们只能通过观测恒星和气体的运动间接推断它的存在，比如星系的旋转曲线或者引力透镜也可以感知其存在。

1）致密天体，即重子暗物质

最可能的候选者是原初黑洞和大质量致密晕天体。

（1）**原初黑洞**。这类黑洞形成于宇宙的早期历史，而不是恒星死亡后的产物，它们的行为像冷暗物质。但是，如果它们是由重子组成的，那么它们必须在核合成之前形成，以避开核合成对重子的限制范围。在核合成之前已经在黑洞里面的重子不算作重子之列，因此它们不能参与原子核的形成。

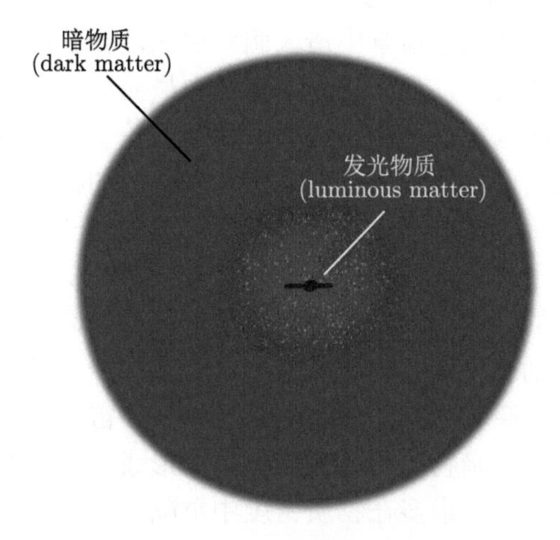

图 2.14　暗物质晕示意图

（2）**大质量致密晕天体（massive astrophysical compact halo object, MACHO）**。其质量从小恒星到超大质量黑洞不等，通常由普通物质组成，因此也属于重子暗物质，有时也被视为冷暗物质粒子。这类天体可能是褐矮星或者活动星系核中的黑洞。

MACHO 搜寻策略是利用引力透镜（图 2.15）。我们从银河系的圆盘对 LMC 的恒星进行观测。视线穿过银河系暗物质晕，如果有不可见的致密天体存在，并且它们非常接近我们的视线，那么可能发生由于致密天体的引力产生的 LMC 星

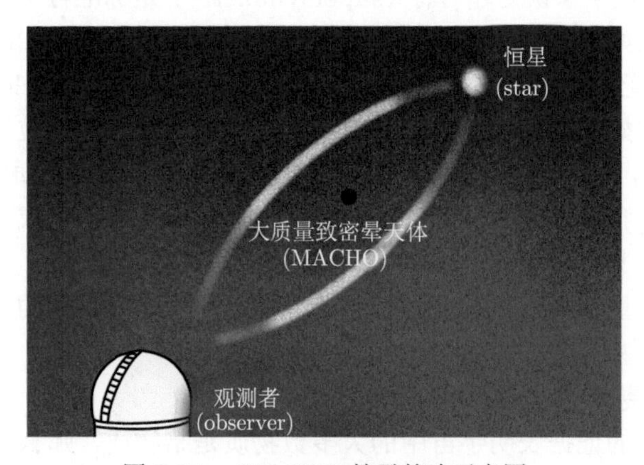

图 2.15　MACHO 搜寻策略示意图

的微引力透镜效应。基于此策略，在 20 世纪 90 年代中期，MACHO 被宣称探测到了，但是存在着争议，因此推断出的致密天体的丰度远远不能解释暗晕的质量。

2）基本粒子，即非重子暗物质

非重子暗物质的预测是宇宙学中最大胆和引人注目的，如果最终被证实，例如通过直接探测暗物质粒子，那么将是宇宙学中最显著的成就之一。

（1）**已知存在的候选粒子**。在我们已知的基本粒子中，中微子的性质足够不确定，因此成为暗物质的候选粒子。在粒子相互作用的标准模型中，中微子是无质量的粒子，并且大量存在于宇宙中，其丰度大致与光子数量一样多。如果标准模型扩展到允许中微子具有很小的质量（几十电子伏特），这不会影响它们的数密度，但它们将有足够的密度导致一个封闭的宇宙，真可谓牵一发而动全身！

根据其质量和运动速度，暗物质可分为热、温和冷三类。质量轻的中微子是一种被称为热暗物质的暗物质，这意味着它至少在宇宙生命中的一部分时间拥有相对论速度。事实上，热暗物质不具有支持结构形成理论的特性，并且如果中微子具有这样的质量，那么它最多在物质密度中贡献一部分，还要有其他形式的暗物质存在。

另一种可能性是中微子是非常重的，比如可与质子的质量相比。这是允许的，因为如此大质量的粒子不会有像光子那么高的数密度，由于玻尔兹曼抑制，高质量粒子很难在热平衡中产生。大质量中微子是冷暗物质的一种，这意味着它在整个宇宙的演化历史中，速度可以忽略不计。至少一些冷暗物质满足结构形成的需要，但在粒子物理中，大质量的中微子不如质量轻的中微子更可取得，并且确实被粒子物理实验排除了，除非中微子具有不同寻常的特性。

（2）**已知可能存在的候选粒子**。粒子物理理论（尤其是那些针对基本力的统一的理论）习惯设想出各种新的和尚未发现的粒子，其中有一些是可信的暗物质候选者。粒子物理学家认为超对称（supersymmetry）是标准粒子理论最坚实的扩展，它有一个很好的特性，将新的伴随粒子关联到每个我们已知的粒子。在最简单的情况下，最轻的超对称粒子（lightest supersymmetric particle，LSP）是稳定的，这是一种很好的冷暗物质候选者。根据不同的模型，这些粒子可以称为光微子，或引力微子，或中轻微子。它们有时也被称为弱相互作用大质量粒子（weakly interacting massive particle，WIMP）。然而 LSP 不是粒子（或者非重子）暗物质的唯一选择，其他设想的粒子包括一种称为轴子的超轻粒子，一种可能在暴胀结束时形成的超重暗物质粒子，或者来自“影子宇宙”、与我们的宇宙只发生引力作用的粒子。

3）暗物质搜寻

既然强有力的证据表明宇宙中的大多数物质是暗物质，那么如何来发现它并研究它的性质？利用微引力透镜可以探测致密天体这类重子暗物质的质量，精确到太阳质量的几个数量级内。但最受青睐的非重子暗物质是基本粒子，它的质量远不足 1g，因此透镜方法肯定不能用于探测这类非重子暗物质。最重要的是，暗物质粒子只能通过引力与正常物质发生相互作用。如果真如此，那么直接探测是完全不可能的；单个粒子如质子的质量大小，其引力是微不足道的。然而许多这样的粒子的累计总引力是可衡量的——这就是刚才讨论的所有天体暗物质存在的证据——但我们并不满足于此，想看到更多更实在的证据。

最好的希望是，暗物质粒子不仅通过引力相互作用，还可以通过弱核力作用，这样的暗物质粒子称为弱相互作用大质量粒子（WIMP），它们不可能有电磁或强核相互作用，也不可能通过与常规物质的直接相互作用而被探测到。这种相互作用的存在是合理的，它足够弱以至于至今仍没有观测到，但属于可探测的范围。特别是超对称粒子，如果它确实构成了暗物质，就会被认为具有潜在的可探测性。宇宙中应该是充满着这些暗物质粒子的。因此，许多暗物质粒子此时此刻在穿过我们的身体！我们不会注意到它们，是因为它们与我们互动的机会很小。但是，如果我们收集了足够多的这类粒子物质，然后观察它足够长的时间，那么相互作用率就足够高了，暗物质粒子将时常与质子或中子相互作用，泄露其存在的秘密。

这种类型的许多实验现正在世界各地进行，但科学家坚信不疑，并且实验的精度也以惊人的速度在提高。这些实验都是具有挑战性的，典型的反应率为每千克材料每天只发生一次（这和我们身体与暗物质相互作用的概率一样）！为了防止与其他相互作用（如宇宙射线或放射性衰变的产物）混淆，通常实验位于地下深处。例如，英国的合作组织在约克郡博尔比 1100m 深处的矿井内运行了实验，该探测器在矿井内可以很好地屏蔽放射性射线，并冷却到极低的温度。中国也开展了两个暗物质实验，即清华大学和上海交通大学主导的中国锦屏山地下暗物质探测实验（垂直岩石覆盖达 2400m）以及中科院紫金山天文台主导的“悟空”号暗物质粒子探测卫星实验。

当然暗物质也可以是完全不同的东西，是任何人都未曾想到的东西，毕竟到目前为止没有人见过它。由于它的性质非常不确定，宇宙学家们对此争论不断。虽然目前宇宙学观测都支持暗物质的存在，但是全世界所有的粒子物理实验都没有观测到其信号，因此宇宙中不存在暗物质的可能性也不能排除。认识到宇宙中最多的物质可能是非重子物质像哥白尼的观点一样：我们不仅不是位于宇宙中的特殊位置，我们甚至都不是由宇宙中主导的物质组成的。

习　题

2.9 宇宙为什么是电中性的, 因此使其含有等量的质子和电子？

2.10 假设质量为 10^{-10} 太阳质量的黑洞构成我们银河系晕中的暗物质，粗略估计一下离你最近的这样的黑洞有多远。这与太阳系的大小相比如何？

2.11 简述暗物质的种类及其搜寻的直接和间接方法。

2.4 热大爆炸宇宙论的不足

如前所述，大爆炸宇宙论能够可靠地描述宇宙从大爆炸后 1/100s 直到现在的演化时间范围，但它是不完备的。大爆炸宇宙论在其发展的过程中产生了许多无法回答的疑点和问题，其中有些随着观测和理论的不断完善得到了解决而成为历史，但也有一些问题至今没有得到圆满解决，诸如暗物质和暗能量等。有些人认为这些问题并不是大爆炸宇宙论的致命问题，通过大爆炸宇宙论的进一步发展可以得到解决。在大爆炸宇宙论框架内无法解决的主要疑难和问题如下。

（1）视界问题（horizon problem）。如图 2.16 所示，宇宙微波背景辐射温度全天分布图中最左端和最右端的温度惊人地一致，但是在宇宙当前的年龄和光速有限情况下，这两个测量点是没有因果关系的。温度为什么如此一致，只有 1/100000 的差别？这好像在几十年前中国交通还不方便时，在中国版图最北端和最南端的两个人方言口音惊人地相似，可是他们有生以来没有离开过各自的故土，为什么会是这样？其实中国俗语所说“五百年前是一家”已经给出了答案。

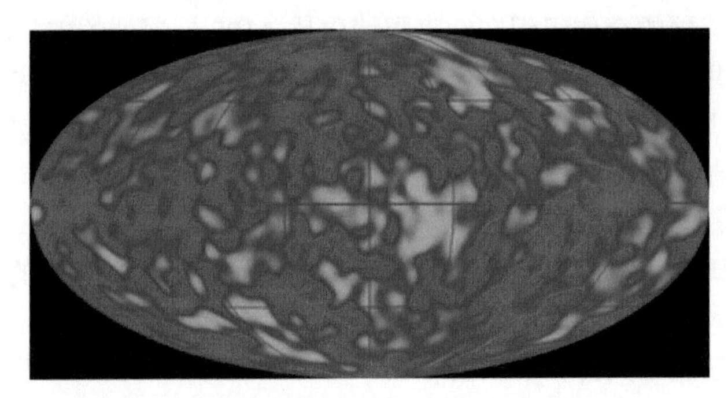

图 2.16 宇宙微波背景辐射温度全天分布图（图片来源：COBE 官网 https://aether.lbl.gov/www/projects/cobe/）

（2）平坦性问题（flatness problem）。目前各类宇宙学观测都表明当今的宇宙在空间上是平坦的。为什么空间上不是弯曲的？即如图 2.17 所示空间几何的三种状态中，宇宙看起来像平面，而不是球面或者马鞍面。

（3）磁单极子（magnetic monopole）问题。

（4）重子不对称（baryon asymmetry）。

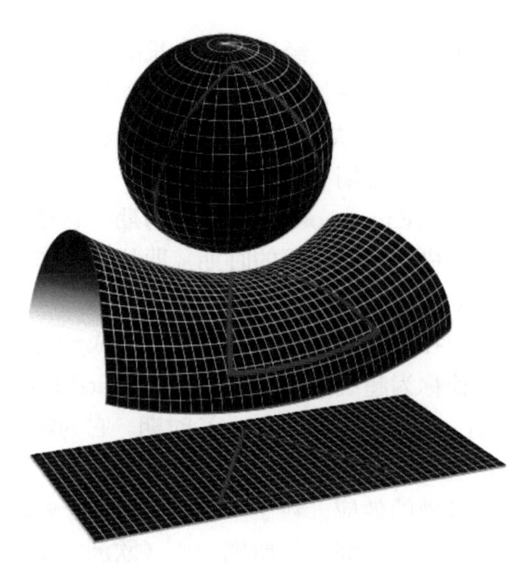

图 2.17 空间几何的三种状态

（5）球状星团的年龄（globular cluster age）。

（6）暗物质（dark matter）。

（7）暗能量（dark energy）。

这些问题促使天文学家必须走出大爆炸宇宙论的框架，寻找新的理论来解决它们。

习 题

2.12 什么是视界和平坦性问题？

2.5 宇宙演化简史

“上帝”在宇宙大爆炸之后瞬间就把物理和数学规律放入宇宙之中，让后来宇宙中诞生的一代又一代的文明去破解和研究。宇宙从大爆炸开始以后至今的膨胀过程，如同一个压缩包释放文件一样，把所有信息和科学陆续呈现出来，即今天组成宇宙的各类基本粒子和各种作用力的科学。这些宇宙组成成分遵循着这些科学一直主宰宇宙至今，上千年来引无数哲学家和科学家竞折腰地去理解宇宙、探寻宇宙和发现宇宙。这些科学中最重要的是统治整个宇宙演化正常运行的四种相互作用力：强相互作用力、电磁相互作用力、弱相互作用力和引力（表 2.1）。四种力的强度不同，产生作用的尺度和体系不同。强和弱相互作用力在微观起作用，而电磁相互作用力和引力则在宏观和宇观起作用，尤其是引力，它是牛顿和爱因斯坦发现的宇宙的终极统治者。在已经过去的漫长的 138 亿年以及未来的漫长宇宙演化中，整个宇宙就像一个剧场舞台，各种相互作用力陆续登场，这真是“你方唱罢我登场”。伴随着宇宙中各类基本粒子和各种作用力不同的演化历史，宇宙演化的整个历史可以分为三个时期（图 2.18）:

（1）**量子宇宙学（quantum cosmology）时期**。它是关于宇宙本身起源的时刻，处于经典时空最早描述量子过程的时期，即从大爆炸到 10^{-43}s，也称为普朗克时期。关于这一时期目前还没有完全自洽的量子引力理论，所以量子宇宙学的研究领域更具推测性。在该时期，四种基本力统一成一种基本力，称为超统一时期，描述此时期的理论称为超统一理论（super unified theory，SUT）。

（2）**粒子宇宙学（particle cosmology）时期**。它为粒子物理学家提供了一种检验模型的方法和机遇，这是地球上加速器实验的补充。在加速器中不易产生的粒子在宇宙早期呈现剧烈的效应。粒子宇宙学描述了一幅温度范围仍在已知物理范围内的宇宙图景。例如，欧洲核子研究中心（欧洲核子研究组织，世界上最大的粒子物理实验室）和费米实验室（费米国家加速器实验室）的高能粒子加速器允许我们测试大爆炸后仅 10^{-11}s 时刻的物理模型，此时到达弱电统一时期。宇宙学的这一领域更具推测性，因为它至少涉及一些外推，而且经常面临难以解决的计算困难。粒子宇宙学时间跨度从 10^{-43}s 开始至 1/100s，包含了大统一时期、暴胀时期和弱电统一时期。

大统一时期。随着宇宙膨胀和冷却，各种力在温度转换过程中逐一退耦分离出来，如同相变水凝结和冰冻。大统一时期开始于引力从其他自然力分离出来的 10^{-43}s 时刻，此时宇宙温度极高（10^{32}K）。在这个时期，强、弱和电磁相互作用仍然统一在一起，非引力物理学所描述的理论称为大统一理论（grand unified theory，GUT)。当宇宙演化到强相互作用力从强、弱、电磁三种相互作用力中分离出来的 10^{-35}s 时，大统一时期宣告结束。

弱电统一时期。宇宙进一步膨胀和冷却，到达大爆炸之后 10^{-35}s 时刻，宇宙的温度够低（10^{28}K）时，强相互作用力与弱电相互作用力分离，称为大统一相变。相变使宇宙释放能量，如同水结冰一样，导致宇宙在 10^{-33}s 内超光速膨胀了 10^{50} 倍，称为宇宙暴胀，到 10^{-32}s 时暴胀结束，之后宇宙演化仍由粒子宇宙学和接下来的标准宇宙学接替。当宇宙到达大爆炸之后 10^{-11}s 时刻，宇宙温度降至 10^{15}K，弱、电磁相互作用力相互分离，发生弱电相变，弱电统一时期结束，进入四种基本力时期，至此宇宙基本力的压缩包完全释放。

（3）**标准宇宙学（standard cosmology）时期**。它可以可靠地描述随着宇宙进一步膨胀和冷却从大爆炸后的大约 1/100s 到今天的整个宇宙演化时期。这个时期的标准宇宙学是本书的主要内容。图 2.18 说明了宇宙历史上发生的主要事件。

表 2.1 宇宙中的四种基本力

力	核内相对强度	核外相对强度	交换粒子	主要作用
强相互作用力	100	0	胶子	将原子核聚集在一起
电磁相互作用力	1	1	光子	化学和生物学
弱相互作用力	10^{-5}	0	弱玻色子	核反应
引力	10^{-43}	10^{-43}	引力子	大尺度结构

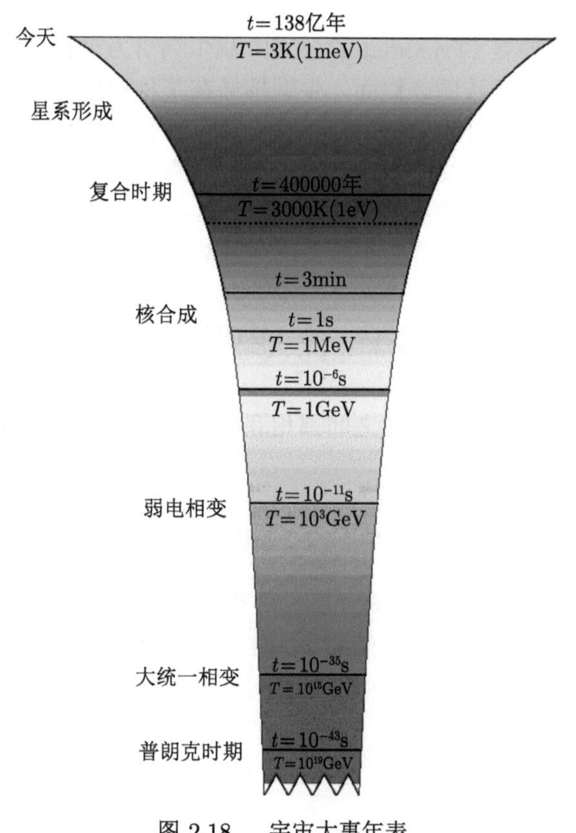

图 2.18 宇宙大事年表

习 题

2.13 简述宇宙中四种力的分离过程，尤其是宇宙演化时刻及其对应温度。

2.14 如何理解随着宇宙的膨胀宇宙中科学规律的逐步呈现？

第 3 章　牛顿宇宙学

在本课程开始或许有的同学就会问，本科生还没有学习过广义相对论，是否也可以学习和研究宇宙学？答案是肯定的。事实上，宇宙学中最重要的方程，描述宇宙膨胀的弗里德曼（Friedmann）方程，从牛顿引力理论推导的结果和从广义相对论推导的结果是一致的。然而，牛顿推导在某种程度上不是完全严格的，需要广义相对论来完全修补它。例如，牛顿推导无法得到包括具有排斥力的暗能量的弗里德曼方程，但是广义相对论可以做到。本章的目的是在牛顿引力理论框架下推导宇宙动力学方程，即弗里德曼方程。这要求考虑宇宙中的物质分布对其中天体的引力，因此需要首先理解牛顿力学中的势能理论。

3.1　势 能 理 论

在牛顿引力中，所有的物质之间都相互吸引，质量为 M 的物体对质量为 m 的物体施加的力为

$$F = \frac{GMm}{r^2} \tag{3.1}$$

其中，r 是物体之间的距离，G 是牛顿万有引力常数，即引力遵循平方反比定律。根据牛顿第二定律 $F = ma$，物体的加速度是由作用于其上的力产生，它与物体的质量成比例，但是物体的加速度则与质量无关。施加在物体 m 上的力产生的引力势能为

$$V = -\frac{GMm}{r} \tag{3.2}$$

上式表明对物体施加的力的方向是势能降低最快的方向，像两个极性相反的电荷的电势一样，引力势是负的，使两个物体相互吸引。但引力没有像电荷那样对应的斥力，总是吸引力。那么一个质量分布 $\rho(\boldsymbol{x}')$ 对于在位置 $\boldsymbol{x}$ 处质量为 m_{s} 的粒子产生的力 $F(\boldsymbol{x})$，根据牛顿引力的平方反比定律，可以通过对微小体积元的贡献求和得到（图 3.1）

$$\delta F(\boldsymbol{x}) = Gm_{\mathrm{s}}\frac{\boldsymbol{x}' - \boldsymbol{x}}{|\boldsymbol{x}' - \boldsymbol{x}|^3}\delta m(\boldsymbol{x}') = Gm_{\mathrm{s}}\frac{\boldsymbol{x}' - \boldsymbol{x}}{|\boldsymbol{x}' - \boldsymbol{x}|^3}\rho(\boldsymbol{x}')\mathrm{d}^3\boldsymbol{x}' \tag{3.3}$$

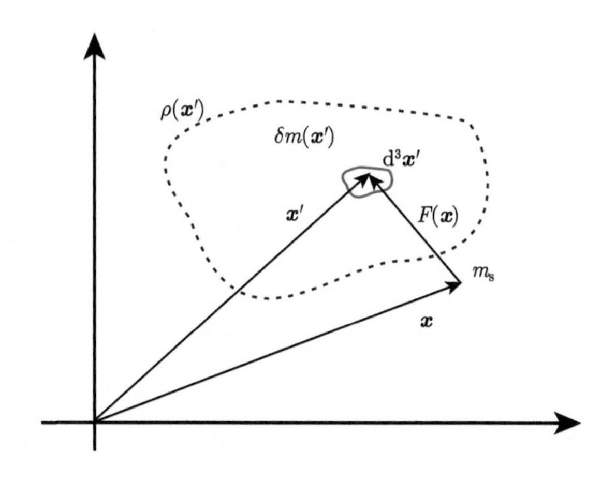

图 3.1　质量分布产生的力

对于整个质量分布积分可得到总的力

$$F(\boldsymbol{x}) = m_{\mathrm{s}}\boldsymbol{g}(\boldsymbol{x}) \tag{3.4}$$

其中 $\boldsymbol{g}(\boldsymbol{x})$ 是引力场，即单位质量的力：

$$\boldsymbol{g}(\boldsymbol{x}) \equiv G\int \mathrm{d}^3\boldsymbol{x}'\frac{\boldsymbol{x}'-\boldsymbol{x}}{|\boldsymbol{x}'-\boldsymbol{x}|^3}\rho(\boldsymbol{x}') \tag{3.5}$$

我们定义引力势为

$$\varPhi(\boldsymbol{x}) \equiv -G\int \mathrm{d}^3\boldsymbol{x}'\frac{\rho(\boldsymbol{x}')}{|\boldsymbol{x}'-\boldsymbol{x}|} \tag{3.6}$$

这里孤立系统的边界条件是当 $|\boldsymbol{x}| \to \infty$ 时，$\varPhi \to 0$。我们注意到 $\nabla_{\boldsymbol{x}}\left(\frac{1}{|\boldsymbol{x}'-\boldsymbol{x}|}\right) = \frac{\boldsymbol{x}'-\boldsymbol{x}}{|\boldsymbol{x}'-\boldsymbol{x}|^3}$，所以可以重写引力场 $\boldsymbol{g}(\boldsymbol{x})$ 为

$$\boldsymbol{g}(\boldsymbol{x}) = \nabla_{\boldsymbol{x}}\int \mathrm{d}^3\boldsymbol{x}'\frac{G\rho(\boldsymbol{x}')}{|\boldsymbol{x}'-\boldsymbol{x}|} = -\nabla\varPhi \tag{3.7}$$

这里为了简洁起见，我们把梯度算子的下标 $\boldsymbol{x}$ 略掉。引力势非常有用，因为它是一个标量场，比矢量场更容易可视化，但包含相同的信息。因此给定引力势 $\varPhi(\boldsymbol{x})$，求其梯度可得到引力场 $\boldsymbol{g}(\boldsymbol{x})$，这是 N 体数值模拟中求力的通常做法。那么在给定物质密度分布的情况下，如何求引力势 $\varPhi(\boldsymbol{x})$？我们需要借助泊松方程（Poisson equation）才能达到目的。

泊松方程　我们对方程（3.5）取散度

$$\nabla \cdot \boldsymbol{g}(\boldsymbol{x}) = G \int \mathrm{d}^3\boldsymbol{x}' \nabla_{\boldsymbol{x}} \cdot \left(\frac{\boldsymbol{x}' - \boldsymbol{x}}{|\boldsymbol{x}' - \boldsymbol{x}|^3} \right) \rho(\boldsymbol{x}') \tag{3.8}$$

积分号中散度为 $\nabla_{\boldsymbol{x}} \cdot \left(\frac{\boldsymbol{x}' - \boldsymbol{x}}{|\boldsymbol{x}' - \boldsymbol{x}|^3} \right) = -\frac{3}{|\boldsymbol{x}' - \boldsymbol{x}|^3} + \frac{3(\boldsymbol{x}' - \boldsymbol{x})(\boldsymbol{x}' - \boldsymbol{x})}{|\boldsymbol{x}' - \boldsymbol{x}|^5}$ 和 $\nabla_{\boldsymbol{x}} \cdot \left(\frac{\boldsymbol{x}' - \boldsymbol{x}}{|\boldsymbol{x}' - \boldsymbol{x}|^3} \right) = 0 \quad (\boldsymbol{x}' \neq \boldsymbol{x})$。因此对方程（3.8）积分的任何贡献必须来自点 $\boldsymbol{x}' = \boldsymbol{x}$，我们可以把积分体积限制在以这个点为中心、半径为 h 的小球上（图 3.2）。对于足够小的 h, 这个体积内的密度几乎是常数，我们可以把 $\rho(\boldsymbol{x}')$ 从积分号中取出来，那么被积函数的剩余项整理为

$$\begin{aligned}
\nabla \cdot \boldsymbol{g}(\boldsymbol{x}) =& G\rho(\boldsymbol{x}) \int_{|\boldsymbol{x}'-\boldsymbol{x}| \leqslant h} \mathrm{d}^3\boldsymbol{x}' \nabla_{\boldsymbol{x}} \cdot \left(\frac{\boldsymbol{x}' - \boldsymbol{x}}{|\boldsymbol{x}' - \boldsymbol{x}|^3} \right) \\
=& - G\rho(\boldsymbol{x}) \int_{|\boldsymbol{x}'-\boldsymbol{x}| \leqslant h} \mathrm{d}^3\boldsymbol{x}' \nabla_{\boldsymbol{x}'} \cdot \left(\frac{\boldsymbol{x}' - \boldsymbol{x}}{|\boldsymbol{x}' - \boldsymbol{x}|^3} \right) \\
=& - G\rho(\boldsymbol{x}) \oint_{|\boldsymbol{x}'-\boldsymbol{x}| = h} \mathrm{d}^2\boldsymbol{S}' \cdot \left(\frac{\boldsymbol{x}' - \boldsymbol{x}}{|\boldsymbol{x}' - \boldsymbol{x}|^3} \right)
\end{aligned} \tag{3.9}$$

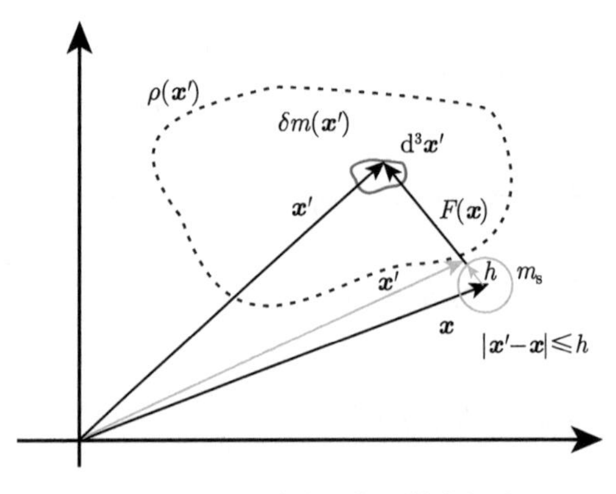

图 3.2　质量分布和散度积分

上面最后一步应用散度定理 $\int_V \mathrm{d}^3\boldsymbol{x} \nabla \cdot F = \oint_S \mathrm{d}^2\boldsymbol{S} \cdot F$ 将体积分转为面积分。在球面 $|\boldsymbol{x}' - \boldsymbol{x}| = h$ 上有 $\mathrm{d}^2\boldsymbol{S}' = (\boldsymbol{x}' - \boldsymbol{x})h\mathrm{d}^2\Omega$，$\mathrm{d}^2\Omega$ 是立体角微元，这样上述方

程化为

$$\nabla \cdot \boldsymbol{g}(\boldsymbol{x}) = -G\rho(\boldsymbol{x}) \int \mathrm{d}^2\Omega = -4\pi G\rho(\boldsymbol{x}) \tag{3.10}$$

把方程（3.7）代入方程（3.10）左边，便得到引力势 $\Phi(\boldsymbol{x})$ 与密度 $\rho(\boldsymbol{x})$ 之间的泊松方程

$$\nabla^2\Phi = 4\pi G\rho \tag{3.11}$$

这是一个在给定密度分布 $\rho(\boldsymbol{x})$ 和适当的边界条件下可求解引力势 $\Phi(\boldsymbol{x})$ 的微分方程。对于一个孤立系统，边界条件是当 $|\boldsymbol{x}| \to \infty$ 时，$\Phi \to 0$。方程（3.5）给出的势自动满足这个边界条件。在特殊情况 $\rho(\boldsymbol{x}) = 0$，泊松方程化为拉普拉斯方程（Laplace's equation）

$$\nabla^2\Phi = 0 \tag{3.12}$$

实际上，泊松方程提供了一个给定密度分布 $\rho(\boldsymbol{x}) = 0$，先求解引力势 $\Phi(\boldsymbol{x})$ 进而求引力场 $\boldsymbol{g}(\boldsymbol{x})$ 的绝妙方法：通过泊松方程（3.11）求引力势，再通过方程（3.7）最终求得引力场，简洁且严格，而不是直接通过方程（3.4）和（3.6）的定义分别求解引力场和引力势。这就是上面提到的 N 体数值模拟中求力的通常做法。

在包含总质量 M 的任意体积上积分方程（3.11）的两边，然后应用泊松方程和散度定理可以得到高斯定理（Gauss's theorem）

$$4\pi GM = 4\pi G \int \mathrm{d}^3\boldsymbol{x}\rho = \int \mathrm{d}^3\boldsymbol{x}\nabla^2\Phi = \oint \mathrm{d}^2\boldsymbol{S}\nabla\Phi \tag{3.13}$$

它表明 $\nabla\Phi$ 在任何闭合表面上的法向分量的积分等于该表面所含质量的 $4\pi G$ 倍。

牛顿定理 对于任何球对称的物质分布，牛顿基于平方反比定律还证明了两个定理可以容易地计算其引力势。

牛顿第一定理：位于物质球壳内的物体不会受到来自球壳的净引力。这如同宇航员在一个球壳内完全感受不到引力作用，不仅在球壳中心，在球壳内的任何位置都是这样（图 3.3）。

牛顿第二定理：位于物质球壳外的物体所受到的引力与所有物质都集中在其中心点上的引力相同。该定理也称为伯克霍夫定理（Birkhoff's theorem）。对于电磁力有相同的结果。密度分布未知的球形物体外物体受的引力（或电磁力）只取决于其总质量（电荷）。

图 3.3　牛顿第一定理之宇航员失重示意图

习　题

3.1　推导公式 $\nabla_{\boldsymbol{x}} \cdot \left(\dfrac{\boldsymbol{x}' - \boldsymbol{x}}{|\boldsymbol{x}' - \boldsymbol{x}|^3} \right) = 0$ （$\boldsymbol{x}' \neq \boldsymbol{x}$）。

3.2　证明牛顿第二定理。

3.3　在牛顿引力宇宙学框架下证明：如果空间密度为 $\rho_M \leqslant \rho_c = \dfrac{3H_0^2}{8\pi G}$，在以速度 $v = H_0 r$（哈勃定律）膨胀的宇宙球壳外的大质量粒子将能够逃脱引力。假设宇宙中的物质分布是均匀的。

3.4　两个星系之间有吸引力，当它们相距多远时可以抵消宇宙膨胀的作用，即它们不随宇宙膨胀而互相远离？

3.2　宇宙动力学

像牛顿力学一样，宇宙学也包括静力学、运动学和动力学。静力学主要从理论上研究静态宇宙的稳定性，运动学则引入膨胀、红移和各种距离等。描述宇宙动力学膨胀最主要的方程是弗里德曼方程，它是宇宙学中最重要的核心方程。宇宙动力学的关键问题是求解三个物理量随宇宙时间 t 的演化，即标度因子 a、物质密度 ρ 和物质压强 p。

弗里德曼方程　宇宙学家的日常任务之一就是根据宇宙中有关物质含量的不同假设对方程进行求解。为了导出弗里德曼方程，根据宇宙学原理，宇宙中的任何地方都是一样的，我们需要计算宇宙中任意实验粒子的引力势能和动能，然后应用能量守恒。考虑一个观测者处于质量密度（即单位体积的质量）为 ρ 的均匀膨胀的介质中。根据宇宙学原理，宇宙处处看起来都一样，我们可以把任何一点视为宇宙的中心，也可以说宇宙没有中心，类似三维平直空间中的二维球面。观测者可以处在宇宙任何地方，为了分析方便起见放在坐标原点，当然，只要不嫌麻烦也可以放在任何想放的地方，观测结果则需要通过坐标变换进行归算（这样有点费力不讨好）。若质量为 m 的粒子（即质量为 m 的小体积的物体）距离中心为 r（图 3.4），根据牛顿定律，它不会受到来自球壳 r 以外的净引力，而只受到位于物质球壳内的物质的引力。具体地根据牛顿第二定理，质量为 m 的粒子的受力为

$$F=\frac{GMm}{r^2}=\frac{4\pi G\rho rm}{3} \tag{3.14}$$

其中 $M=\dfrac{4\pi\rho r^3}{3}$ 是半径为 r 的球体内物质总质量。粒子具有的引力势能为

$$V=-\frac{GMm}{r}=-\frac{4\pi G\rho r^2 m}{3} \tag{3.15}$$

粒子的动能为

$$T=\frac{1}{2}m\dot{r}^2 \tag{3.16}$$

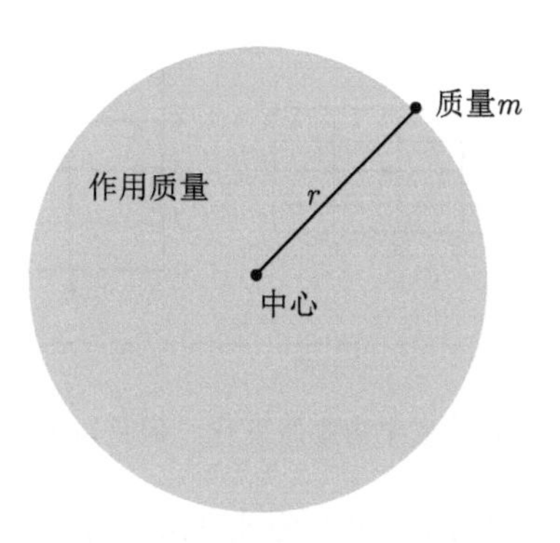

图 3.4 宇宙中的实验粒子

距离 r 也可以理解为均匀宇宙中任意两个粒子（天体）之间的距离，在膨胀宇宙中它隐含着表征宇宙大小的标度因子 a。宇宙动力学的终极目的之一就是求解距离 r（或者宇宙大小的标度因子 a）随时间变化的关系。借助于粒子的能量守恒 $U=T+V$，进一步得到

$$U=\frac{1}{2}m\dot{r}^2-\frac{4\pi}{3}G\rho r^2 m \tag{3.17}$$

这里 U 为常数，但是距离 r 不同的粒子（天体）U 也不相同。该方程给出了距离 r 的演化方程。

实际上，宇宙不仅是均匀的，而且在均匀地膨胀，因此上述结果适用于宇宙中任意两个粒子（天体）以及任意坐标系，这使我们能够将其变换到著名的宇宙

学“御用”坐标系，即共动坐标系（comoving coordinate system）（图 3.5），即坐标系伴随宇宙膨胀变化，但是坐标值不变。因为宇宙膨胀是均匀的，只与时间有关但不依赖于空间位置，所以在共动坐标系中实际物理距离 r 和共动距离 x 之间的关系可写为

$$\boldsymbol{r} = a(t)\boldsymbol{x} \tag{3.18}$$

这里宇宙的均匀性被用来确保宇宙标度因子 a 仅是时间 t 的函数，距离 r 和 x 表示为矢量距离。星系在 x 坐标系（即共动坐标系）中保持固定的位置。原始的 r 坐标系不随宇宙膨胀，这个坐标系通常被称为物理坐标系（physical coordinate system）。注意第 4 章之后物理距离和共动距离用其他字母表示，即 $s = a(t)x$。$a(t)$ 是宇宙学中极其关键的物理量，被称为宇宙标度因子。标度因子测量了宇宙膨胀的速率, 它本身不等于宇宙的膨胀率 $H(t)$。它仅是时间 t 的函数，告诉我们宇宙中天体之间的物理距离如何随时间增长，因为共动坐标距离 x 根据定义是固定的。例如，如果在时间 t_1 和 t_2 之间，标度因子的值翻倍了，这表明宇宙的大小膨胀为原来的两倍，两个星系之间的距离也是原来的两倍。

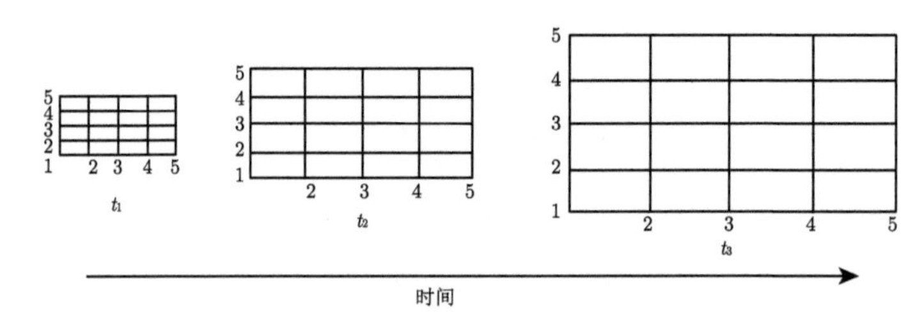

图 3.5　共动坐标系：坐标系伴随宇宙膨胀变化，但是以便任何物体保持固定的坐标值

我们把标度因子公式（3.18）代入公式（3.17），同时考虑在共动坐标系下天体的坐标固定不变，所以 $\dot{x} = 0$，因此改写能量守恒表达式为

$$U = \frac{1}{2}m\dot{a}^2x^2 - \frac{4\pi}{3}G\rho a^2x^2m \tag{3.19}$$

把上式两边都乘以 $2/(ma^2x^2)$，整理后可得到弗里德曼方程的标准形式

$$\left(\frac{\dot{a}}{a}\right)^2 = \frac{8\pi}{3}G\rho - \frac{kc^2}{a^2} \tag{3.20}$$

式中常数 $k = -2U/(mc^2x^2)$，它相对于 x 是独立的，因为方程中的其他项也是独立的，否则就违反了均匀性。事实上，均匀性要求对于给定粒子 m 为常量的 U 是变化的，即对于不同的距离 x，U 正比于 x^2。总能量 U 守恒，共动距离 x 则固定, 因此 k 对于时间是独立的量，是不随空间或时间的改变而变化的常数。k 的

量纲是 [长度]$^{-2}$，它在宇宙整个演化过程中都保持不变，即膨胀的宇宙在整个演化过程中具有唯一的 k 值。在第 4 章中，我们将看到 k 值表征宇宙的几何形状，通常被称为曲率。

流体方程　虽然弗里德曼方程是宇宙动力学方程中最基本的方程，它建立了宇宙标度因子 a 及其物质密度 ρ 之间的联系，但是还需要一个描述和求解物质密度 ρ 随时间变化的方程。这个方程涉及物质的压强 p，因此也是建立了密度 ρ 和压强 p 之间联系的方程，称为流体方程（压强符号 p 与动量符号相同，在本书中除特殊说明外，p 均表示压强）。宇宙中可能存在不同类型的物质具有不同的压强，从而导致密度 ρ 不同的演化。

推导流体方程先从热力学第一定律出发

$$\mathrm{d}E + p\mathrm{d}V = T\mathrm{d}S = \mathrm{d}Q \tag{3.21}$$

应用到单位共动半径（$x = 1$）的膨胀体积 V 上，这与将热力学定律应用到气体活塞的情况完全一样。那么物理半径 $r = a \times x = a$，体积 $V = (ax)^3 = a^3x^3 \propto a^3$ 的能量 $E = mc^2$ 可写为

$$E = \frac{4\pi}{3}a^3\rho c^2 \tag{3.22}$$

两边对时间求导，可以得出能量的变化率

$$\frac{\mathrm{d}E}{\mathrm{d}t} = 4\pi a^2\rho c^2\frac{\mathrm{d}a}{\mathrm{d}t} + \frac{4\pi}{3}a^3\frac{\mathrm{d}\rho}{\mathrm{d}t}c^2 \tag{3.23}$$

体积变化率是

$$\frac{\mathrm{d}V}{\mathrm{d}t} = 4\pi a^2\frac{\mathrm{d}a}{\mathrm{d}t} \tag{3.24}$$

假定宇宙进行可逆绝热膨胀，即熵 $\mathrm{d}S = 0$，连同能量和体积的变化率一起代入热力学第一定律方程（3.21），最后整理得到

$$\dot{\rho} + 3\frac{\dot{a}}{a}\left(\rho + \frac{p}{c^2}\right) = 0 \tag{3.25}$$

式中字母上方的点总是代表对时间求导，这就是流体方程。其中有两项对宇宙密度变化有贡献，即括号中的第一项对应于体积增加导致的密度的稀释，而第二项则对应于宇宙体积增加使物质的压强做（负）功引起的能量损失。这些能量当然没有完全消失，能量总是守恒的，因此这些因流体做功损失的能量最终变成了引力势能。能量守恒是宇宙的终极法则，在宇宙学中体现得淋漓尽致。

这里要强调的是，在一个均匀的宇宙中不存在压力，因为密度和压强到处都相同。需要有压强梯度才能提供压力。所以压强没有贡献使宇宙膨胀的力，其作用仅仅是通过宇宙膨胀时的做功来实现的。

状态方程　我们仍然无法求解方程组，因为现在只知道密度 ρ 和压强 p 分别与标度因子 a 相关的两个方程，但是有三个变量。只要压强明确，我们就可以知道宇宙中充满了什么样的物质。在宇宙学中通常假设，每个密度都有唯一特定的压强与之相关，即 $p=p(\rho)$，这种关系被称为状态方程，不同的物质拥有不同的状态方程。最简单的可能性是根本没有压强，即 $p=0$，这个特殊的情况对应的物质为（非相对论性）物质。在第 4 章我们将会介绍在宇宙中各种物质的状态方程，如暗物质、辐射和暗能量等。一旦指定状态方程，弗里德曼方程和流体方程就是描述宇宙演化的全部方程。因此三个宇宙物理量标度因子 $a(t)$、密度 $\rho(t)$ 和压强 $p(t)$，三个方程弗里德曼方程、流体方程和状态方程，奠定了整个宇宙动力学。严格求解宇宙动力学方程将在基于广义相对论得出弗里德曼方程和流体方程之后进行。在没有求解动力学方程之前，或者不需要完全求解动力学方程，我们也可以探讨这些方程的一些一般属性、曲率常数 k 的含义和 c^2（c 为光速）从弗里德曼方程中的神秘消失等。

加速度方程　弗里德曼方程和流体方程联合可以导出第三个方程，这个方程当然不独立于前两个方程，它描述标度因子 a 的加速度。把弗里德曼方程（3.20）对时间求导可以得到

$$2\frac{\dot{a}}{a}\frac{a\ddot{a}-\dot{a}^2}{a^2}=\frac{8\pi}{3}G\dot{\rho}+2\frac{kc^2\dot{a}}{a^3} \tag{3.26}$$

把流体方程（3.25）$\dot{\rho}$ 代入上式，消掉一些项后得到

$$\frac{\ddot{a}}{a}-\left(\frac{\dot{a}}{a}\right)^2=-4\pi G\left(\rho+\frac{p}{c^2}\right)+\frac{kc^2}{a^2} \tag{3.27}$$

再次应用公式（3.20）最终得到加速度方程

$$\frac{\ddot{a}}{a}=-\frac{4\pi G}{3}\left(\rho+\frac{3p}{c^2}\right) \tag{3.28}$$

注意，如果物质有任何压强，就会与引力相向而行，加强了引力，从而进一步减慢膨胀。也就是说，宇宙物质的压强和引力一样阻碍宇宙膨胀。此处指正压强，宇宙中也可能存在负压强（如暗能量），其作用恰恰相反。但是各向同性的宇宙中没有与压强有关的力，因为没有压强梯度。此外需要注意的是，加速度方程不依赖弗里德曼方程中的常数 k，它在推导中被消掉了。

弗里德曼方程中的自然单位　宇宙学家习惯交替使用质量密度 ρ 和能量密度 ε，它们通过爱因斯坦著名的质能方程 $\varepsilon=\rho c^2$ 联系起来。如果选择自然单位，那么 c 被设为 1，这两个密度就相等了。然而，为了清楚起见，应尽量注意它们的区别，即“质量密度”这个词用在爱因斯坦的观念中，它包括各种粒子的能量对

质量的贡献，以及可能有的任何静止质量的贡献。另一方面，设定 $c=1$ 意味着弗里德曼方程通常在最后一项中没有 c^2，因此弗里德曼方程（3.20）化为

$$\left(\frac{\dot{a}}{a}\right)^2=\frac{8\pi G}{3}\rho-\frac{k}{a^2} \tag{3.29}$$

这种情况下常数 k 的量纲是 [时间]$^{-2}$，我们知道，在最初的弗里德曼方程（3.20）中 k 的量纲是 [长度]$^{-2}$，因此 $c=1$ 使得时间和长度单位可以互换。除本书外，这种自然单位条件下的弗里德曼方程的简化也被广泛运用到其他宇宙学教材中。

习　题

3.5　概述宇宙动力学方程及其物理量。

3.6　如何理解压强在宇宙膨胀中的作用？

第 4 章　标准宇宙学基础

如前所述，标准宇宙学可以可靠地描述宇宙从大爆炸后的大约百分之一秒（1/100 s）到今天的整个演化时期。宇宙的整体特征可以归结为以下三个重要方面：

（1）它包含星系、星系团、超星系团、宇宙长城和空洞等，它们跨越了很宽的尺度范围。

（2）这些结构在统计上几乎是均匀分布的。

（3）引力是支配宇宙大尺度动力学的主导力量。由于磁场在大尺度上极其弱，它的影响被忽略掉。

为了理解这些大尺度结构的性质和演化，我们通常应按以下方式进行：首先，通过把物质的分布看作是完全均匀的来研究宇宙的整体动力学，称为标准宇宙学或者零阶宇宙学，这是本书的重点；然后把观察到的不均匀性视为对这个均匀平滑宇宙的偏离，$\rho(t,\boldsymbol{x})=\rho_0(t)+\delta\rho(t,\boldsymbol{x})$，扰动宇宙学，这部分属于研究生宇宙学内容。

众所周知，广义相对论很好地描述了引力物理学，正如美国物理学家惠勒所说：物质告诉空间如何弯曲，空间告诉物质如何运动。因此它通常被认为是讨论宇宙学模型的最正确的物理工具。本章从广义相对论的引力场方程出发引入弗里德曼方程和流体方程，进一步推导出所有宇宙动力学方程。我们将会看到，基于广义相对论得出的宇宙动力学与牛顿宇宙动力学的结果完全相同。

4.1　时空度规

广义相对论中一个重要的基本概念是时空度规，它通过给出时空中相邻点之间的距离描述时空几何，它对于正确解释宇宙的几何和充分理解宇宙学中光度和距离的概念都很重要。

直观起见，我们首先考虑一张平面纸，即笛卡儿平面直角坐标系（Cartesian coordinate system）的度规，它上面的点可以通过坐标 x_1 和 x_2 来表示。两点之间的距离 $\mathrm{d}s$ 由勾股定理（又称毕达哥拉斯定理）给出

$$\Delta s^2=\Delta x_1^2+\Delta x_2^2 \tag{4.1}$$

式中 Δx_1 和 Δx_2 是坐标 x_1 和 x_2 的间隔。更一般形式可表示为

$$\mathrm{d}s^2 = \mathrm{d}x^2 + \mathrm{d}y^2 \tag{4.2}$$

同样地，这个两点之间的距离 $\mathrm{d}s$ 如果在极坐标系（polar coordinate system）中就不能简单地表示为两个坐标的平方和，即

$$\mathrm{d}s^2 = (\mathrm{d}r)^2 + r^2(\mathrm{d}\theta)^2 \neq (\mathrm{d}r)^2 + (\mathrm{d}\theta)^2 \tag{4.3}$$

这个距离 $\mathrm{d}s$ 是不变量，即不会因观测者使用不同的坐标系而改变。具体而言，使用笛卡儿坐标的观察者会得到与使用极坐标的观察者相同的结果，但是表象不同，这个表象就是度规 g_{ij}。从数学上讲，在二维平面上，不变距离的平方可表示为

$$\mathrm{d}s^2 = \sum_{i,j=1,2} g_{ij}\mathrm{d}x^i\mathrm{d}x^j \tag{4.4}$$

其中度规 g_{ij} 可表示为一个 2×2 对称矩阵。在笛卡儿平面直角坐标系中，g_{ij} 是对角矩阵，每一个对角元为 1，即

$$g_{ij} = \begin{bmatrix} 1 & 0 \\ 0 & 1 \end{bmatrix} \tag{4.5}$$

在极坐标系中，$x_1 = r, x_2 = \theta, g_{ij}$ 也是对角矩阵，$g_{11} = 1, g_{22} = r^2$，即

$$g_{ij} = \begin{bmatrix} 1 & 0 \\ 0 & r^2 \end{bmatrix} \tag{4.6}$$

因此度规的第一本质为：它把依赖于观察者的坐标转换为不变量。

现在让用橡皮板替代纸张的平面直角坐标系膨胀。如果坐标网格 $x_1 - x_2$ 随橡皮板膨胀而膨胀，也即第 3 章中的共动坐标系，则两点之间的物理距离会随时间变化。如果膨胀是均匀的，即表征宇宙膨胀大小的标度因子 $a(t)$ 只依赖于时间而独立于位置，可以将公式（4.1）写成

$$\Delta s^2 = a^2(t)[\Delta x_1^2 + \Delta x_2^2] \tag{4.7}$$

其中坐标 x_1 和 x_2 是共动坐标，s 是物理坐标，即 $s = a(t)x$。

在广义相对论中，我们需要将上述两点之间的距离推广至四维时空中，并且还必须考虑到时空可能会弯曲。此时时空距离写为

$$\mathrm{d}s^2 = \sum_{u,v=0}^{3} g_{uv}\mathrm{d}x^u\mathrm{d}x^v \tag{4.8}$$

式中 g_{uv} 是度规的最一般形式，u 和 v 可以取 $0,1,2,3,x_0$ 是时间坐标，x_1, x_2, x_3 是三个空间坐标。通常度规是坐标的函数，尤其描述弯曲的时空必须这样，并且时空距离被写成无穷小量符号，因为一旦空时弯曲时，它只有描述邻近的点的距离才有意义。

在研究宇宙学时需要考虑宇宙学原理，即在给定的时间里宇宙不应该有任何特殊的位置，这时上述复杂的一般情况立即得到极大的简化。这要求度规的空间部分具有恒定曲率，例如一个曲率处处为零的平坦度规就满足该条件。因此具有恒定曲率的最一般的空间度规可以表示为

$$\mathrm{d}s_3^2=\frac{\mathrm{d}r^2}{1-kr^2}+r^2(\mathrm{d}\theta^2+\sin^2\theta\mathrm{d}\phi^2) \tag{4.9}$$

其中 $\mathrm{d}s_3$ 仅指空间维度，并且用到了球面极坐标系。这里 k 是一个测量空间曲率的待定常数，其三种可能取值正、零或负分别对应于三种可能的空间几何形状：球形、平坦或双曲形（详见 4.3.5 节宇宙的几何）。宇宙实际上是四维时空，因此我们需要把最一般的空间度规融入最一般的时空中，这需要加入时间的依赖性，特别是可以让空间随时间增大或收缩，即膨胀的宇宙。这样我们引出了罗伯逊–沃尔克（Robertson-Walker，RW）度规

$$\mathrm{d}s^2=c^2\mathrm{d}t^2-a^2(t)\left[\frac{\mathrm{d}r^2}{1-kr^2}+r^2\mathrm{d}\theta^2+r^2\sin^2\theta\mathrm{d}\phi^2\right] \tag{4.10}$$

式中 $a(t)$ 是宇宙的标度因子。$\mathrm{d}t^2$ 前面似乎还有时间 $b^2(t)$ 的函数，但它可以通过重新定义时间坐标 $\mathrm{d}t\rightarrow\mathrm{d}t'=b(t)\mathrm{d}t$ 来消除；广义相对论告诉我们，可以使用任何坐标系，因此这个推广不会比给出的形式更普遍，它只是基于宇宙中物质特定的分布特性而得出，即基于宇宙学原理和宇宙的膨胀。在一个 $k=0$ 的平坦的（相对于开放或封闭的）宇宙中，除了距离要乘以标度因子 $a(t)$ 外，罗伯逊–沃尔克度规几乎等同于闵可夫斯基（Minkowski）度规，$\mathrm{d}s^2=(c\mathrm{d}t)^2-a^2(t)\mathrm{d}s_3^2$。

罗伯逊–沃尔克度规基于膨胀宇宙的共动坐标系（r，θ 和 ϕ 是共动坐标），其矩阵形式为

$$g_{\alpha\beta}=\begin{bmatrix} c^2 & 0 & 0 & 0 \\ 0 & -\dfrac{a^2(t)}{1-kr^2} & 0 & 0 \\ 0 & 0 & -a^2(t)r^2 & 0 \\ 0 & 0 & 0 & -a^2(t)r^2\sin^2\theta \end{bmatrix} \tag{4.11}$$

在平滑膨胀的共动坐标系中，宇宙标度因子 a 将物理距离和共动距离联系起来。更普遍而言，也即度规的第二本质是将坐标距离转换为物理距离，因此度规是我们在膨胀宇宙中进行定量预测的重要工具。

习 题

4.1 如何理解度规的两个本质？

4.2 罗伯逊–沃尔克度规既可以在共动球面极坐标系 (t, r, θ, ϕ) 中表示，也可以在 $(\eta, \chi, \theta, \phi)$ 坐标系中表示。首先把 r 转化为 χ，然后用共形时间 η 代替宇宙时间 t，最后证明 $(\eta, \chi, \theta, \phi)$ 坐标下的度规可表示为 $\mathrm{d}s^2 = a^2(\eta)[\mathrm{d}\eta^2 - \mathrm{d}\chi^2 - f^2(\chi)(\mathrm{d}\theta^2 + \sin^2\theta\mathrm{d}\phi^2)]$。

4.3 在一个封闭的宇宙中，今天最大可能的物理间距是多少？

4.2 运 动 学

宇宙运动学描述的是在没有明确地求解爱因斯坦的宇宙膨胀动力学方程，即爱因斯坦方程 +RW 度规 $\Rightarrow$ 标度因子 $a(t)$ 的情况下，我们仍然有可能理解宇宙的膨胀对来自遥远来源（或星系）的光的许多运动学效应。它基于遥远天体发出的光可以从量子力学上视为自由传播的光子，也可以从经典物理学上看作传播的平面波，因此宇宙运动学也称为观测宇宙学。观测宇宙学研究天体的一些特定属性，比如亮度和大小，是以怎样的方式呈现在观测者面前，它特别涉及这些表观对宇宙学模型的依赖。最简单的呈现是已经看到的光因为膨胀而产生的红移效应，如果空间几何不是标准欧几里得模型，它也有很重要的影响。

4.2.1 红移

宇宙学中一个关键的观测证据是宇宙中几乎所有的天体如星系都在离我们远去，并且离得越远的天体，远去的速度越快。这些速度通过红移来测量，基本上是应用光波的多普勒效应。星系光谱中有可识别的、特征频率已知的吸收线和发射线。如果一个星系正向我们运动，光波就会聚集在一起，从而提高频率。由于蓝光位于可见光谱的高频端，因此这被称为蓝移。如果星系正在远离我们，特征谱线波长向红端方向频移，该效应被称为红移。这项技术最早由维斯托 · 斯利弗（Vesto Slipher，1875 年—1969 年）在 1912 年左右用来测量星系的速度，在接下来的几十年中，由最著名的宇宙学家之一埃德温 · 哈勃（Edwin Hubble，1889 年—1953 年）进行了系统的应用。

观测证明，几乎所有的星系都在离我们远去，所以标准术语红移定义为

$$z = \frac{\lambda_{\mathrm{obs}} - \lambda_{\mathrm{em}}}{\lambda_{\mathrm{em}}} \tag{4.12}$$

λ_{em} 和 λ_{obs} 分别是光在辐射点（星系）和观测点（我们）的波长。如果邻近的天体以速度 v 退行，那么它的红移为

$$z = v/c \tag{4.13}$$

式中 c 为光速。上式忽略了狭义相对论，因此只对速度 $v \ll c$ 时有效，是狭义相对论的结果对于 v/c 的展开。狭义相对论下的红移为

$$1+z=\sqrt{\frac{1+v/c}{1-v/c}} \tag{4.14}$$

但是，在宇宙学中对于遥远距离的天体有进一步的考虑，即关于光的传播时间和相对速度在传播过程中的变化，因此这个表达式不应该使用。下面从广义相对论出发，介绍宇宙学距离下的红移。

基于宇宙学原理和宇宙的膨胀，我们需要考虑罗伯逊–沃尔克度规作为宇宙时空度规。因为要考虑光的传播，我们不仅要关注度规的单独空间部分，还需要考虑完整的四维时空。在广义相对论中，光传播的关键特性是它服从零测地线

$$\mathrm{d}s=0 \tag{4.15}$$

这也就是说，光线在时空中根本没有穿行距离。在给定的时间内，空间中的所有点都是等价的，因此为了简单起见，我们可以考虑处在 r_e 坐标的天体发出的光子到 $r=0$ 的径向传播，这样 $\mathrm{d}\theta=\mathrm{d}\phi=0$（图 4.1），并且度规中的空间坐标是共动的，因此星系保持固定的坐标，膨胀完全由标度因子 $a(t)$ 来主导。光行走零测地线 $\mathrm{d}s=0$，可以得出

$$\mathrm{d}s^2=\mathrm{d}t^2-a^2(t)\frac{\mathrm{d}r^2}{1-kr^2}=0 \tag{4.16}$$

沿光传播的方向积分上式，并且令积分恒等于 $f(r_\mathrm{e})$，有

$$\int_{t_\mathrm{e}}^{t_0}\frac{\mathrm{d}t}{a(t)}=\int_0^{r_\mathrm{e}}\frac{\mathrm{d}r}{\sqrt{1-kr^2}}\equiv f(r_\mathrm{e}) \tag{4.17}$$

其中 t_e 代表光子发出时刻，对应于 r_e；t_0 代表接收光子时刻，即今天，对应于 $r=0$。现在考虑处于相同坐标 r_e 处的同一个天体发出另一光子不久之后，即 $t_\mathrm{e}+\delta t_\mathrm{e}$ 时刻发出，$t_0+\delta t_0$ 时刻接收到（图 4.1），进行同样的积分得到

$$\int_{t_\mathrm{e}+\delta t_\mathrm{e}}^{t_0+\delta t_0}\frac{\mathrm{d}t}{a(t)}=\int_0^{r_\mathrm{e}}\frac{\mathrm{d}r}{\sqrt{1-kr^2}}\equiv f(r_\mathrm{e}) \tag{4.18}$$

由于天体固定在共动坐标系中，因此上面两式的左边相等，得到

$$\int_{t_\mathrm{e}}^{t_0}\frac{\mathrm{d}t}{a(t)}=\int_{t_\mathrm{e}+\delta t_\mathrm{e}}^{t_0+\delta t_0}\frac{\mathrm{d}t}{a(t)} \tag{4.19}$$

光子发出和被接收的时刻满足 $t_e < t_e + \delta t_e < t_0 < t_0 + \delta t_0$，因此把上式左右两端分段积分，消掉公共部分从 $t_e + \delta t_e$ 到 t_0 的积分，最后得到

$$\int_{t_e}^{t_e+\delta t_e} \frac{\mathrm{d}t}{a(t)} = \int_{t_0}^{t_0+\delta t_0} \frac{\mathrm{d}t}{a(t)} \tag{4.20}$$

如果 δt_e 和 δt_0 足够小，以至 $\delta t_e \ll t_e$ 和 $\delta t_0 \ll t_0$，则可将 $a(t)$ 在上述积分中视为常数，最后得到

$$\frac{\delta t_e}{a(t_e)} = \frac{\delta t_0}{a(t_0)} \tag{4.21}$$

由此看出，由于 $a(t_e) < a(t_0)$，两个光子发出的时间间隔随着宇宙的膨胀而增加，这个效应称为时间稀释（time dilution）效应。现在想象它们不是两个独立光子发出的两条射线，而是对应单一波动的连续波峰。因为波长与波峰的时间间隔成正比，即 $\lambda = c\delta t \propto \delta t$，代入上式最后得到

$$\frac{\delta t_0}{\delta t_e} = \frac{a(t_0)}{a(t_e)} = \frac{\lambda_0}{\lambda_e} \tag{4.22}$$

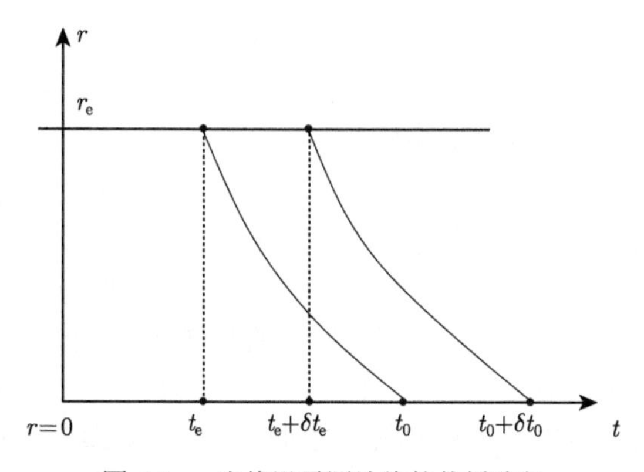

图 4.1　光线沿零测地线的传播路径

我们定义宇宙学红移 z：

$$1 + z = a_0/a_e \tag{4.23}$$

最后得到红移与标度因子、波长和频率之间的关系式

$$1 + z \equiv \frac{a(t_0)}{a(t_e)} = \frac{\lambda_0}{\lambda_e} = \frac{\omega_0}{\omega_e} \tag{4.24}$$

式中红移 z 表示位于 $r = 0$ 或者 t_0 时刻观测 t_e 时刻 r_e 处发出光子的红移，λ_e 和 ω_e 分别代表光子发出时刻 t_e 的波长和频率，λ_0 和 ω_0 则分别代表现在 t_0 时

刻的波长和频率。现在时刻 $t_\mathrm{e}=t_0$，标度因子 $a(t_\mathrm{e})=a_0$，则红移 $z=0$；在大爆炸时刻 $t_\mathrm{e}=t_\mathrm{BigBang}=0$，$a(t_\mathrm{e})=0$，$z=\infty$；在遥远的未来 $t_\mathrm{e}\to\infty$，$a(t_\mathrm{e})\to\infty$，$z=-1$。标度因子和红移之间的详细变化见图 4.2。

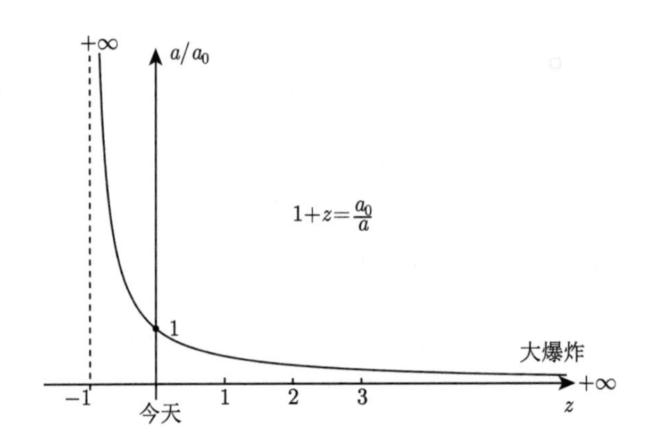

图 4.2　宇宙标度因子 a 随着红移 z 的变化

从上面的推导过程可以看出，宇宙学红移方程（4.24）基于罗伯逊–沃尔克度规，实际上甚至连度规都不依赖，适用于任何度规，同时不依赖于曲率 k, 即适用于任意间隔的光线和任何几何形状的宇宙。

光在穿越宇宙时随时空膨胀被拉伸，波长被拉长。如果光穿行过程中被一个与膨胀宇宙共动的中间观测者截获，那么这个观测者将看到光的波长介于原始发射和今天接收波长之间。这就是习题 4.5 中的相对红移概念。

天文学家经常使用“红移”来描述宇宙的时刻以及天体的距离。宇宙红移为 z 是指宇宙是其当前大小的 $1/(1+z)$ 的时刻。如果天体的红移为 z，这意味着，它在一定的距离处发出的光线到达我们的时候，其波长已经红移了 $(1+z)$。已知最遥远的天体是星系，其距离已被光谱证实，红移可达 8 左右。

然而，我们接收到的红移最大的光是起源于 $z\sim1000$ 的宇宙微波背景辐射（CMBR）。CMBR 光子穿行到今天温度为 $T_\mathrm{CMB}=2.73\mathrm{K}$，那么光子今天的能量 $E\sim k_\mathrm{B}T_\mathrm{CMB}$，波长为 $\lambda_0\propto\dfrac{h_c}{k_\mathrm{B}T_\mathrm{CMB}}$，我们得到

$$1+z=\frac{a(t_0)}{a(t)}=\frac{\lambda_0}{\lambda(t)}=\frac{T(t)}{T_\mathrm{CMB}}\qquad\text{或}\qquad T(t)=\frac{a(t_0)T_\mathrm{CMB}}{a(t)}\tag{4.25}$$

这表明宇宙温度的演化反比于标度因子 a，宇宙早期温度比现在高很多，在大爆炸时刻是趋近于无穷大。因此宇宙时间 t、共形时间 η（见 4.3.6 节）、标度因子

a、红移 z、温度 T 建立一一对应关系，图 4.3 展示了它们之间的对应关系。

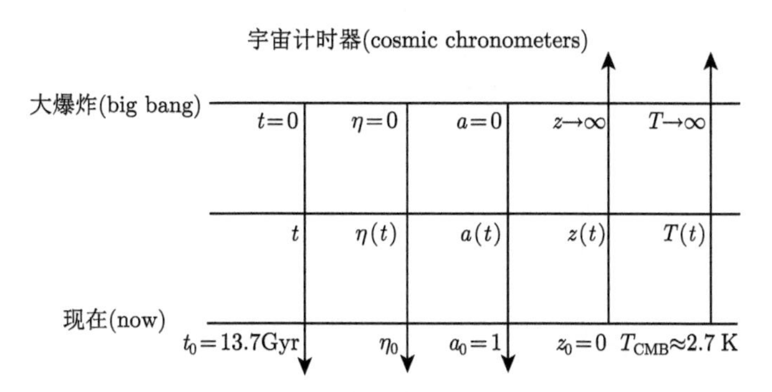

图 4.3 宇宙时间 t，共形时间 η，标度因子 a，红移 z，温度 T 的对应关系

4.2.2 膨胀定律

宇宙的膨胀意味着一对星系之间的固有物理距离随着时间增加，也就是星系之间相互退行。这对星系之间的固有物理距离 $s(t)$（或从我们的位置测量的某个共动点处星系的距离）随时间的变化为

$$s(t) = xa(t) \tag{4.26}$$

其中 x 是其共动距离，它是独立于时间的常数，等于今天 t_0 时刻的固有物理距离（图 4.4）。在一个星系的观察者测量到另一个星系的退行速度是固有物理距离 $s(t)$ 对时间的导数，即

$$v(t) = \frac{\mathrm{d}s(t)}{\mathrm{d}t} = x\dot{a}(t) = s(t) \cdot \frac{\dot{a}(t)}{a(t)} \equiv H(t) \cdot s(t) \tag{4.27}$$

这就是著名的在宇宙任意时刻 t 时的哈勃定律。这里定义在任意时刻 t 处的哈勃参量 $H(t) \equiv \dfrac{\dot{a}(t)}{a(t)}$，哈勃常数 H_0 就是它在 t_0 时刻的值。H_0 中的不确定度通常由一个无量纲量 h 来参数化，即 $H_0 = 100h\ \mathrm{km \cdot s^{-1} \cdot Mpc^{-1}}, h = 0.5—1$。这是宇宙学中其他天体物理量（如尺度或者波数，质量、物质密度和功率谱等）的量纲中出现 h 不确定性的终极来源。$H_0 > 0$ 意味着宇宙目前在膨胀，$H_0 < 0$ 表明收缩。我们目前测量的哈勃常数是正的而不是负的，说明宇宙目前是在膨胀而不是收缩。对于邻近天体（或者星系），任意时刻 t 时的哈勃定律可写为

$$V = H_0 \times s \tag{4.28}$$

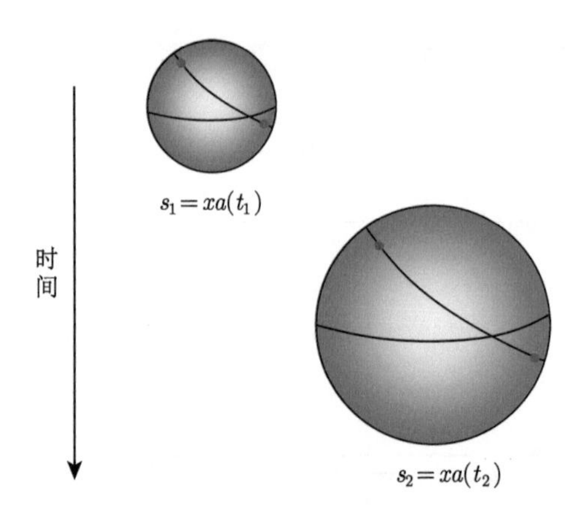

图 4.4　共动坐标系中两个星系之间的距离随宇宙的膨胀

图 4.5 展示了天文学家哈勃在 1929 年观测到的河外星系的退行速度与距离的关系，即著名的哈勃图，也可以说是天文学史上的第一张哈勃图，只包含几十个星系的样本。哈勃定律并不绝对精确，因为宇宙学原理并不完全适用于邻近的星系，这些星系通常拥有一些随机运动，即所谓的本动速度。但是它确实非常好地描述了星系的平均行为。

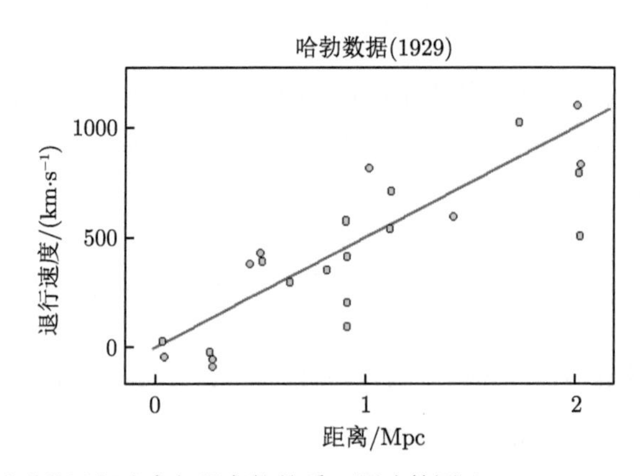

图 4.5　河外星系的退行速度与距离的关系，即哈勃图 (Hubble E. Proceedings of the National Academy of Sciences of the United States of America, 1929, 15(3):168-173)

如果观察到的任何天体都在远离我们，乍一看这似乎必须违反宇宙学原理，因为那显然把我们置于了宇宙的中心。然而，事实并非如此。宇宙中每一个或者说任何一个观测者所观测到的天体都以与距离成正比的速度离他远去。如 2.1 节所述，宇宙没有中心，但是处处是中心。哈勃定律在任何所谓的宇宙中心都成立。因此，虽然宇宙正在膨胀，但是不论我们想象选择处于哪个星系，宇宙看起来都是一样的。一个常见的比喻是把宇宙想象成烤葡萄干蛋糕（图 4.6）或是吹表面上标注点的气球。当蛋糕鼓起（或气球膨胀）时，葡萄干（或点）就会分离。从每一个葡萄干（或点）看，所有其他葡萄干（或点）似乎都在退行，并且距离越远退行的速度越快。因为宇宙中一切物体都彼此飞离，我们可以得出结论：在遥远的过去宇宙中的物体互相更加靠近。事实上，如果往回追溯的宇宙历史足够长，宇宙中的一切都聚在一起，直至最初的爆炸，被称为大爆炸，以大爆炸为起始的宇宙演化模型被称为大爆炸宇宙学，通常也被称为热大爆炸。

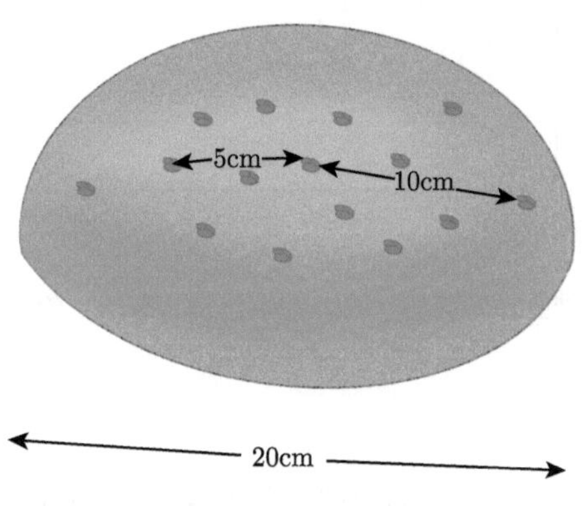

图 4.6　宇宙膨胀示意图——烤葡萄干蛋糕

此外一定要注意哈勃参量 $H(t)$ 和哈勃常数 H_0 的区别，哈勃参量随时间变化而哈勃常数是一个常数。虽然由于宇宙学原理，哈勃参量 $H(t)$ 在空间中一定是恒定的，但没有理由在时间上也是恒定的，这就是它的含义所在（图 4.7）。有的天文学家认为图 4.7 才是“真正”的哈勃图——哈勃参量和红移（距离）的关系。

基于哈勃参量（或者常数），我们还可以定义几个表征宇宙在任意时刻状态的特征量：哈勃时间 $t_{H(t)} = 1/H$；哈勃尺度（或者距离、视界）$d_{H(t)} = c/H$; 哈勃体积 $V_H = 4\pi(c/H)^3/3$。

弗里德曼方程也可以深度解释退行速度与距离成正比的哈勃定律。事实上，基于哈勃参量定义 $H(t) \equiv \dfrac{\dot{a}(t)}{a(t)}$，我们可以把弗里德曼方程写成关于 $H(t)$ 的演化方程 $H^2 = \dfrac{8\pi G}{3}\rho - \dfrac{k}{a^2}$。通常哈勃参量随着时间的推移而减小（图 4.7），例如宇宙中物质的引力减缓了膨胀。实际上，哈勃参量随着时间的变化尤其是向着今天的演化是很复杂的，宇宙膨胀可能减速也可能加速，但是都会使哈勃参量随着时间的推移而减小，我们将会在 4.3 节中详细讨论。

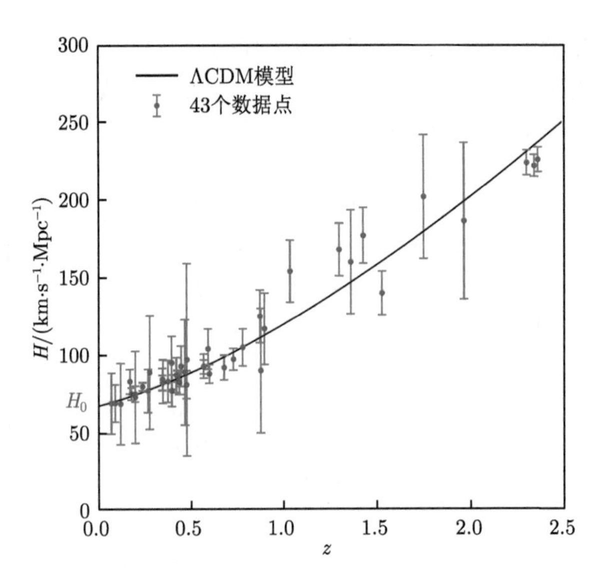

图 4.7　哈勃参量的观测（点）和理论值（实线）随红移 z 的变化

4.2.3　膨胀的本质

宇宙的膨胀意味着什么？反向思维，我们先讨论它不意味着什么。它不意味着我们的身体会随宇宙膨胀变胖，也不意味着地球绕太阳的轨道会变长，甚至更不表示我们银河系内恒星彼此之间的距离会变大，导致银河系散架。但宇宙的膨胀确实意味着遥远的星系之间的距离越来越远，它们在相互远离。其中的区别是物体的运动是否由它们之间均匀分布的物质的累积引力效应支配。我们身体里的原子不是，它们之间的距离是由化学键的强度决定的，引力不起主要作用，所以分子结构不受膨胀影响。同样，地球在轨道上的运动完全由太阳引力主宰（其他行星的引力贡献较小）。甚至银河系的恒星都在围绕它们自己（和暗物质晕）创造出来的共同的引力势下运动，它们也不会彼此远离。这些特殊环境的共同特点是，它们具有相当大的密度超出（实际上就是密度扰动），与我们推导弗里德曼方程时的物质平滑分布非常不同。

但是，如果达到足够大的尺度，如几十 Mpc（兆秒差距），这时宇宙确实变得均匀和各向同性，星系遵循弗里德曼方程和哈勃定律，彼此分离。正是在这样的大尺度上，宇宙的膨胀才被感觉到，并且宇宙学原理才能适用。

人们普遍会关注的另一个问题是，远离我们而去的星系退行的速度是否会超过光速？也就是说，基于速度与距离成正比的哈勃定律，如果星系足够远，那么其退行速度是不是能够达到我们想要的那么快，甚至违反狭义相对论？答案是，我们的理论的确预言遥远的天体运动的速度可以比光速快。然而，这种膨胀是空间本身的膨胀运动，如同第 5 章暴胀宇宙学中的暴胀一样是空间的超光速膨胀。而且没有违反因果关系，因为这些星系之间无法传递信号。此外，也没有违背狭义相对论，因为它针对的是相互通过的物体的相对速度，并不能用来比较遥远的天体的相对速度，或者说狭义相对论描述的是在时空中物体的运动，而不是时空本身的运动。作为类比，想象气球上的一群蜘蛛随气球的膨胀过程。假设蜘蛛移动的最快速度是 $1\text{cm}\cdot\text{s}^{-1}$。如果任意两只蜘蛛恰好迎面走过，那么它们的最快相对速度是 $2\text{cm}\cdot\text{s}^{-1}$。现在开始吹气球使其膨胀起来。虽然蜘蛛徜徉在气球表面上的速度仍然不能超过 $1\text{cm}\cdot\text{s}^{-1}$，但是现在它们脚下的气球在不断膨胀，如果气球膨胀的速度足够快，那么气球上相距很远的蜘蛛很容易以超过 $2\text{cm}\cdot\text{s}^{-1}$ 的速度分开。如果是这样，它们将永远无法互通消息，因为气球把它们分开的速度比它们一起移动的速度还要快，即使是全速（$1\text{cm}\cdot\text{s}^{-1}$）。但是，即使宇宙在膨胀，任何两只蜘蛛只要靠得足够近，能够彼此通过，它们的相对速度也必须不超过 $2\text{cm}\cdot\text{s}^{-1}$。这些相距很远和很近的蜘蛛的运动特征正是哈勃定律的体现。宇宙空间的膨胀就像这个气球，使星系随空间膨胀而互相远离。

习 题

4.4 宇宙膨胀时总能量是否守恒？

4.5 定义红移 z_{12} 是红移 z_2 处物体相对于红移 z_1 处观测者，也即 z_1 处观测者观测 z_2 处天体的红移，证明：$1+z_{12}=\dfrac{a(t_1)}{a(t_2)}=\dfrac{1+z_2}{1+z_1}$。

4.6 当光子在宇宙中穿行时，宇宙膨胀开始减慢并停止。在宇宙开始坍缩时，光被另一个星系的观测者接收到。观测者看到光的红移还是蓝移？宇宙先膨胀后收缩是否抵消红移，使红移 $z=0$？

4.7 在推导哈勃定律时假定共动距离 x 是独立于时间的常数，即星系固定于宇宙某处。假设 x 不是绝对的常数，它也是时间的函数 $x(t)$，即星系存在着某种本动，求解这种情况下的哈勃定律的形式。

4.8 在真实的宇宙中，膨胀并不完全均匀。相反，星系表现出一些相对于哈勃整体膨胀的随机运动，运动速度称为本动速度，由其邻近天体的引力引起。假设一个典型的（如均方根）星系本动速度是 $600\text{km}\cdot\text{s}^{-1}$，那么在下面两种情况下，这个星系要到多远才能被用来确定哈勃常数？精确到百分之十。假设星系的距离和红移是可以精确测量的，虽然真实的观察结果并非如此。

（1）哈勃常数的真实值是 $100\text{km}\cdot\text{s}^{-1}\cdot\text{Mpc}^{-1}$。

（2）哈勃常数的真实值是 $50\text{km}\cdot\text{s}^{-1}\cdot\text{Mpc}^{-1}$。

4.3 动 力 学

由于宇宙中的大尺度引力场必须用爱因斯坦的引力理论来描述，因此光滑宇宙的模型应该建立在广义相对论的基础上。广义相对论是爱因斯坦于 1915 年提出的关于空间和时间的引力理论。它常常被认为是一个非常深奥和困难的理论，部分原因是它引入的关于空间和时间本质的新观点需要一些努力才能适应，因为它违背了一些根深蒂固的、直观的概念；部分原因是对广义相对论的概念和方程进行精确表述所需的数学知识（即微分几何）对大多数物理学家来说并不熟悉。例如有个有趣的故事，英国天文学家、物理学家、数学家亚瑟 · 斯坦利 · 爱丁顿（Arthur Stanley Eddington，1882 年—1944 年）是第一个用英语讲解相对论的科学家。他在 1919 年写了《引力的相对理论报道》，第一次用英语向世界介绍了爱因斯坦的广义相对论理论。有记者问爱丁顿，据说全世界只有三个人真正懂得相对论？爱丁顿思考了一下回答“我正在想第三个人是谁”，可见当时广义相对论的难度以及爱丁顿的高傲。广义相对论很难掌握，但少数理解它的人认为它是一个优雅甚至美丽的引力理论。1915 年 11 月，爱因斯坦完成了他的广义相对论，以开创性的思路解释了引力的本质。两年后，他发表了划宇宙学时代的论文《广义相对论的宇宙学考虑》，“胆大包天”地将广义相对论应用于整个宇宙，这标志着现代宇宙学的开始。

4.3.1 引力场方程导论

爱因斯坦引力场方程的形式如下：

$$R_{\mu v}-\frac{1}{2}g_{\mu v}R\equiv G_{\mu v}=\frac{-8\pi G}{c^4}T_{\mu v}+\Lambda g_{\mu v} \tag{4.29}$$

式中，左边 $G_{\mu v}$ 是爱因斯坦张量，它描述了时空，其中 $g_{\mu v}$ 是度规张量，$R_{\mu v}$ 是 Ricci 张量，$R=g^{\mu v}R_{\mu v}$ 是 Ricci 标量；右边 $T_{\mu v}$ 是所有存在的物质（如物质、辐射等）的能量–动量张量，Λ 是宇宙学常数。假设能量–动量张量是对称的，那么可能有 10 个爱因斯坦方程（一个 4×4 对称矩阵的独立分量的数目）。如果这里的度规具有额外的对称性，独立的爱因斯坦方程的数目可能更少。

上述场方程中宇宙学常数 Λ 是爱因斯坦把广义相对论应用到整个宇宙时最先人为引入的，本质上是为了“阻止宇宙膨胀，保持宇宙静止”。他开始得出了一个奇怪的结论：所有的空间都应该是动态的，要么收缩要么膨胀。爱因斯坦拒绝相信这个结论——就像几千年来所有的天文学家一样，他也假设宇宙的大小没有改变。后来哈勃的河外星系和哈勃定律的发现让爱因斯坦感到遗憾，他把这个“宇宙学常数”称为他一生中最大的错误。事实上，1998 年超新星的观测发现了宇宙的加速膨胀，进一步证实了宇宙学常数的存在。因此，爱因斯坦可能犯了他一生中的第二个“大错”，即把“宇宙学常数”的引入视为一生中最大的错误。幸运的是，他没能有机会亲眼看到。

4.3.2 弗里德曼方程

广义相对论是一种能够为整个宇宙建立完全自洽模型的理论。弗里德曼宇宙学模型基于三个基本方面：

（1）宇宙学原理。我们并不处在宇宙中任何特殊的位置。结合大尺度上各向同性、均匀和均匀膨胀宇宙的观测，可以得到罗伯逊–沃尔克度规。

（2）外尔假设（Weyl's postulate）。这意味着代表天体粒子（或星系）世界线的测地线只在有限的奇点或无限的过去相遇。也就是说，有时空的每一个点只有唯一一条世界线穿过。流体在宇宙膨胀中沿着流线运动，因此表现得像一种理想流体，其能量–动量张量由爱因斯坦方程中的 $T_{\mu v}$ 给出。

（3）广义相对论。它可以通过爱因斯坦方程将表示物质场的能量–动量张量与时空的几何特征联系起来。

爱因斯坦场方程告诉我们物质的存在是如何使时空弯曲的，因此需要描述所考虑的物质。考虑宇宙的可能成分都是所谓理想流体，这意味着它们没有黏性或热流。理想流体具有能量–动量张量

$$T_{\mu v} = \mathrm{diag}(-\rho c^2, -p, -p, -p) \tag{4.30}$$

式中 ρ 是质量密度，p 是压强。在第 3 章牛顿宇宙学已经知道，三个宇宙物理量标度因子 $a(t)$、密度 $\rho(t)$ 和压强 $p(t)$，三个方程弗里德曼方程、流体方程和状态方程，奠定了宇宙动力学，也称弗里德曼动力学。基于爱因斯坦场方程和罗伯逊–沃尔克度规，在理论上可以预测膨胀宇宙的动力学演化，而膨胀宇宙的动力学演化主要由标度因子 $a(t)$ 表示。

对于罗伯逊–沃尔克度规而言，爱因斯坦方程有两个独立的分量，即时间–时间分量和空间–空间分量。由于推导过程太长，也很繁杂，无法在此重现，并且本科生没有广义相对论基础也无法理解，但可以在任何一本好的广义相对论教科书上找到，所以此处我们直接给出推导结果。考虑包含宇宙学常数的爱因斯坦方程，其时间–时间（0-0）分量为

$$R_{00} - \frac{1}{2}g_{00}R = \frac{-8\pi G}{c^4}T_{00} + \Lambda g_{00} \tag{4.31}$$

上式进一步精确给出弗里德曼方程

$$\frac{\dot{a}^2}{a^2} + \frac{kc^2}{a^2} = \frac{8\pi G}{3}\rho + \frac{\Lambda}{3} \tag{4.32}$$

该式主导宇宙标度因子 $a(t)$ 的演化。在爱因斯坦利用广义相对论求宇宙解中，他相信宇宙是静止的，但他发现广义相对论理论不允许这种情况。这仅仅是因为所

有的物质呈现吸引力；所找到的任何宇宙解中没有对应于含有常数标度因子 a 的静态宇宙。为了凑出一个静态的宇宙，他人为加了这个宇宙学常数 Λ。广义相对论允许引入该项，尽管爱因斯坦的原始动机早已褪色，但它目前被视为宇宙学中最重要、最神秘的一项。因此上式中宇宙学常数 Λ 作为一个额外的项出现在弗里德曼方程中。考虑哈勃参量定义，并且取自然单位制，弗里德曼方程可进一步写为

$$H^2 = \frac{8\pi G}{3}\rho - \frac{kc^2}{a^2} + \frac{\Lambda}{3} \tag{4.33}$$

式中 Λ 理论上可正可负，尽管更常考虑其为正数。爱因斯坦最初的想法是要用 Λ 和 ρ 平衡曲率使 $H(t) = 0$，从而得到一个静态宇宙（见习题 4.11）。其实，这种想法是相当错误的，因为这样的平衡对于小扰动来说是不稳定的，所以可能不会出现在实际宇宙中。如今，宇宙学常数经常在平坦欧几里得几何 $k = 0$ 的宇宙中讨论。

爱因斯坦方程的空间–空间（i-j）分量写为

$$R_{ij} - \frac{1}{2}g_{ij}R = \frac{-8\pi G}{c^4}T_{ij} + \Lambda g_{ij} \tag{4.34}$$

上式进一步给出

$$2\frac{\ddot{a}}{a} + \frac{\dot{a}^2}{a^2} + \frac{kc^2}{a^2} - \Lambda = -8\pi G\frac{p}{c^2} \tag{4.35}$$

将弗里德曼方程（4.32）代入上式，精确得到加速度方程

$$\frac{\ddot{a}}{a} = \frac{\Lambda}{3} - \frac{4\pi G}{3}\left(\rho + 3\frac{p}{c^2}\right) \tag{4.36}$$

该加速度方程可以更直接地显示出宇宙学常数 Λ 的作用。正的宇宙学常数对宇宙加速度 $\ddot{a}$ 有积极的贡献，因此有效地起到排斥力的作用。特别是如果宇宙学常数足够大，它可以克服第二项代表的吸引力作用，并导致宇宙加速膨胀。因此，它可以解释通过 Ia 超新星观测得出的宇宙加速膨胀。

我们可以从弗里德曼方程和加速度方程很容易地推导出流体方程（见习题 4.9），但是这样得到的流体方程不独立，理论上不能再和弗里德曼方程构建宇宙动力学。我们期望不依赖于上述方程直接得到流体方程，那就是考虑广义相对论自动默认的能量–动量守恒

$$T^{\mu}_{v;\mu} = 0 \tag{4.37}$$

其中分号表示协变导数，在重复的 μ 指标上求和（爱因斯坦求和法则）。尽管这实际上可写出四个方程（v 是四个时空坐标中的任意一个），但只有时间分量给出

了一个非平凡的方程。用克里斯托弗（Christoffel）符号 $\Gamma^{\alpha}_{\beta\gamma}$ 写出协变导数为

$$T^{\mu}_{v,\mu} + \Gamma^{\mu}_{\alpha\mu} T^{\alpha}_{v} - \Gamma^{\alpha}_{v\mu} T^{\mu}_{\alpha} = 0 \tag{4.38}$$

其中逗号表示普通的导数。对于 $v = 0$ 分量，并且 T^{μ}_{v} 是对角矩阵，克里斯托弗符号化为

$$\Gamma^{0}_{00} = 0; \ \Gamma^{1}_{01} = \Gamma^{2}_{02} = \Gamma^{3}_{03} = \frac{\dot{a}}{a} \tag{4.39}$$

将它们代入能量–动量守恒方程，求和重复指标可得出流体方程

$$\dot{\rho} + 3\frac{\dot{a}}{a}\left(\rho + \frac{p}{c^2}\right) = 0 \tag{4.40}$$

它给出宇宙中质量密度 $\rho(t)$ 的演化。就像牛顿宇宙学的推导一样，流体方程保持了宇宙膨胀时流体的能量守恒。更重要的是，流体方程不依赖于宇宙学常数 Λ 和曲率 k 的存在，它直接来自能量守恒，而能量守恒是宇宙中不依赖任何条件的终极规律，这也是宇宙中物理规律自洽性的体现。

综上所述，我们已经从广义相对论出发严格地得到了宇宙学家真正使用的两个方程，即主导宇宙标度因子 $a(t)$ 演化的弗里德曼方程（以及加速度方程）和给出宇宙中质量密度 $\rho(t)$ 演化的流体方程。当宇宙学常数 Λ 为零时，弗里德曼方程和加速度方程转化为牛顿推导结果，而两种方法得到的流体方程完全相同。对于宇宙中特定的物质，如果再给定描述其压强 p 和密度 ρ 之间关系的状态方程，我们就可以完全确定宇宙的均匀演化的动力学。

4.3.3 宇宙密度参量

大爆炸宇宙学模型并没有给出我们当前宇宙的唯一描述，而是留下了诸如宇宙今天的膨胀率即哈勃常数或其组成等宇宙学参量，称为宇宙密码，留给观测来确定。标准的做法是通过几个参量来限定宇宙学模型，这样人们可以尝试通过观测决定哪种模型能够最好地描述我们的宇宙。这些参量主要包括哈勃常数 H_0，各种物质密度参量 Ω_i（$i =$ 物质 M，辐射 R，宇宙学常数 Λ，曲率 k 等）。

密度参量是体现宇宙密度占比非常有用的宇宙学参量。先从宇宙学常数 Λ 为零开始，并且考虑到任意时刻的哈勃参量 $H = \dot{a}/a$，如同 4.2.2 节一样，弗里德曼方程（4.33）转化为

$$H^2 = \frac{8\pi G}{3}\rho - \frac{k}{a^2} \tag{4.41}$$

对于给定的哈勃参量 H 值，需要有一个特殊的密度值与之对应，这样才能够使宇宙的几何为平坦的，即 $k = 0$。这种情况下的密度 ρ 被称为临界密度 ρ_c

$$\rho_c(t) = \frac{3H^2}{8\pi G} \tag{4.42}$$

H 是任意 t 时刻的哈勃参量，所以上式随时间变化，也是任意时刻的临界密度。令 $t=t_0$，可以得到现在时刻的临界密度

$$\rho_{c0}=\rho_c(t_0)=\frac{3H_0^2}{8\pi G} \tag{4.43}$$

哈勃常数 $H_0=100h\ \mathrm{km\cdot s^{-1}\cdot Mpc^{-1}}$，引力常数 $G=6.67\times10^{-11}\mathrm{m^3\cdot kg^{-1}\cdot s^{-2}}$，将 Mpc 换算成 m，代入上式得到今天的临界密度

$$\rho_{c0}\equiv\frac{3H_0^2}{8\pi G}\approx1.88\times10^{-26}h^2\mathrm{kg\cdot m^{-3}} \tag{4.44}$$

这是一个惊人的小数，例如可对比水的密度是 $10^3\mathrm{kg\cdot m^{-3}}$。如果有比这个极小量大一点的任何物质，那么它将足以颠覆平衡，从 $k=0$ 的平坦宇宙倾斜为 $k>0$ 的封闭宇宙，所以只需极小量的物质密度，就可以提供足够的引力来阻止和扭转宇宙的膨胀。因为千克和米相当小，不方便用作处理宇宙这么大物体的单位。可以考虑另一套天文单位，即用太阳质量和兆秒差距分别作为质量和距离的单位，那么今天的临界密度变为

$$\rho_{c0}\equiv\frac{3H_0^2}{8\pi G}=2.78h^{-1}\times10^{11}M_\odot/(h^{-1}\mathrm{Mpc})^3 \tag{4.45}$$

这个结果突然看起来就不那么小了。事实上，10^{11} 至 10^{12} 个太阳质量大约是一个典型星系的质量，1Mpc 差不多是典型的星系间隔距离，所以宇宙离临界密度不能太远（在一个数量级左右），它的密度必须在 $10^{-26}\mathrm{kg\cdot m^{-3}}$ 左右。

临界密度不一定是宇宙的真实密度，因为宇宙不一定是平坦的，但它为宇宙密度设定了一个自然尺度。因此，通常说的宇宙密度是与临界密度的相对值，而不是真实直接的宇宙密度。这个无量纲的相对值被称为密度参量 Ω，定义为

$$\Omega(t)\equiv\frac{\rho}{\rho_c} \tag{4.46}$$

它一般是时间的函数，因为 ρ 和 ρ_c 都依赖于时间。密度参量的当前值表示为

$$\Omega_0\equiv\Omega(t_0)\equiv\frac{\rho_0}{\rho_{c0}} \tag{4.47}$$

有了这个新的定义和符号，我们可以用一个非常有用的形式重写弗里德曼方程。用定义 ρ_c 和 Ω 替换（4.41）式中的 ρ 得到

$$H^2=\frac{8\pi G}{3}\rho_c\Omega(t)-\frac{kc^2}{a^2}=H^2\Omega(t)-\frac{kc^2}{a^2} \tag{4.48}$$

整理后得到

$$\Omega(t)-1=\frac{k^2}{a^2H^2} \tag{4.49}$$

我们可以看到，$\Omega=1$ 是非常特殊的，因为在这种情况下 k 必须等于零，并且由于 k 是一个固定常数，这个方程始终变为 $\Omega=1$。这真正与宇宙中的物质类型无关，通常被称为临界密度宇宙。当 Ω 不等于 1 时，这个形式的弗里德曼方程对分析密度的演化非常有用，将在第 5 章暴胀宇宙学中看到。我们的宇宙包含了几种不同类型的物质，上式中 Ω 这种表示不仅可以用于总密度，也可以用于各个组成的密度，即 Ω_M、Ω_R 等。我们还可以定义与曲率项相关联的“密度参量”

$$\Omega_k(t)\equiv-\frac{k^2}{a^2H^2} \tag{4.50}$$

它可以是正的也可以是负的，用它可以将弗里德曼方程改写为

$$\Omega(t)+\Omega_k(t)=1 \tag{4.51}$$

式中 $\Omega(t)=\Omega_M(t)+\Omega_R(t)$。

如果考虑宇宙学常数，把 Λ 当作能量密度为 ρ_Λ、压强为 p_Λ 的流体是很有帮助的。在考虑宇宙学常数的弗里德曼方程（4.33）中定义

$$\rho_\Lambda\equiv\frac{\Lambda}{8\pi G} \tag{4.52}$$

弗里德曼方程改写为

$$H^2=\frac{8\pi G}{3}(\rho+\rho_\Lambda)-\frac{k}{a^2} \tag{4.53}$$

该定义还确保了任意 t 时刻的密度参量 $\Omega_\Lambda=\rho_\Lambda/\rho_c$，其中 ρ_c 是临界密度，

$$\Omega_\Lambda(t)=\rho_\Lambda/\rho_c=\frac{\Lambda}{3H^2} \tag{4.54}$$

虽然 Λ 是一个常数，但 $\Omega_\Lambda(t)$ 不是，因为 H 随时间变化。重复上面步骤，考虑宇宙学常数的弗里德曼方程（4.33）转化为

$$\Omega(t)+\Omega_\Lambda(t)-1=\frac{k^2}{a^2H^2} \tag{4.55}$$

再次考虑到曲率密度参量 $\Omega_k(t)$，上式化为最一般的密度参量约束方程

$$\Omega(t)+\Omega_\Lambda(t)+\Omega_k(t)=1 \tag{4.56}$$

因此任意时刻平坦宇宙 $k=0$ 的条件转化为 $\Omega(t)+\Omega_\Lambda(t)=1$。

宇宙学家通常规定，也就是本书中所遵守的惯例，宇宙学常数 Λ 不被当作物质密度 Ω 的一部分，但粒子物理学家通常把它当作总密度的一部分。因此宇宙任意 t 时刻密度参量和几何之间的关系现在可以写成

$$\begin{gathered}\text{开放宇宙：} 0<\Omega(t)+\Omega_\Lambda(t)<1\text{，}\Omega_k(t)>0\\ \text{平坦宇宙：} \Omega(t)+\Omega_\Lambda(t)=1\text{，}\Omega_k(t)=0\\ \text{封闭宇宙：} \Omega(t)+\Omega_\Lambda(t)>1\text{，}\Omega_k(t)<0\end{gathered}$$

当我们取 $t=t_0$ 时刻时，上述约束方程（4.56）化为

$$\Omega_0+\Omega_\Lambda+\Omega_k=1 \tag{4.57}$$

式中 $\Omega_0=\Omega_M+\Omega_R$。因此宇宙现在 t_0 时刻密度参量和几何之间的关系为

$$\begin{gathered}\text{开放宇宙：} 0<\Omega_0+\Omega_\Lambda<1\text{，}k<0\\ \text{平坦宇宙：} \Omega_0+\Omega_\Lambda=1\text{，}k=0\\ \text{封闭宇宙：} \Omega_0+\Omega_\Lambda>1\text{，}k>0\end{gathered}$$

实际上，宇宙中的物质包含重子物质、暗物质、辐射（光子和中微子），即 $\rho=\rho_M+\rho_R$，其中 $\rho_M=\rho_{\text{CDM}}+\rho_B$，所以 $\Omega(t)=\Omega_M(t)+\Omega_R(t)$。各种成分的状态方程也不同，可以统一写成

$$p=\omega\rho c^2 \tag{4.58}$$

其中 ω 是不依赖于时间或者红移的常数。将状态方程代入流体方程（4.40）给出

$$\rho\propto a^{-3(1+\omega)} \tag{4.59}$$

式中 $\omega=0$ 对应于无压的非相对论性物质（$p\ll\rho c^2$），$\omega=1/3$ 对应于辐射（更普遍地说，任何以高度相对论速度运动的粒子都保持着这种状态方程，如光子和中微子），$\omega=-1$ 对应于宇宙学常数。将红移 z 和标度因子 a 之间的关系式 $1+z=a_0/a$ 代入上式得到宇宙中这三大类组成的密度演化形式

$$\begin{cases}\rho_M\propto a^{-3}\Rightarrow\rho_M(t)=\rho_{M0}\left(\dfrac{a_0}{a}\right)^3=\rho_{M0}(1+z)^3, & p=0\ \text{对于}\ \omega=0\\ \rho_R\propto a^{-4}\Rightarrow\rho_R(t)=\rho_{R0}\left(\dfrac{a_0}{a}\right)^4=\rho_{R0}(1+z)^4, & p=\dfrac{1}{3}\rho c^2\ \text{对于}\ \omega=\dfrac{1}{3}\\ \rho_\Lambda\propto\text{const}\Rightarrow\rho_\Lambda=C, \quad p=-\rho c^2\ \text{对于}\ \omega=-1\end{cases} \tag{4.60}$$

式中 $\rho_{M0}+\rho_{R0}$ 是当前时刻 t_0 的物质密度和辐射密度。物质和辐射分别具有吸引力和正压力，而宇宙学常数（真空能）则具有负压力和排斥力。利用宇宙学常数状态方程 $p=-\rho c^2$ 及其能量密度为 $\rho_\Lambda=\Lambda/(8\pi G)$，可以将密度 ρ 和压强 p 推广为 $\rho_T=\rho+\rho_\Lambda$，$p_T=p+p_\Lambda$，考虑宇宙学常数的加速度方程（4.36）简化为标准形式

$$\frac{\ddot{a}}{a}=-\frac{4\pi G}{3}\left(\rho_T+3\frac{p_T}{c^2}\right) \tag{4.61}$$

将上述这些定义和表达式代入考虑宇宙学常数的弗里德曼方程（4.33）转化为

$$\begin{aligned} H^2&=\frac{\dot{a}^2}{a^2}=\frac{8\pi G}{3}(\rho_M+\rho_R)+\frac{\Lambda}{3}-\frac{kc^2}{a^2}\\ &=H_0^2[\Omega_M(1+z)^3+\Omega_R(1+z)^4+\Omega_\Lambda+\Omega_k(1+z)^2]\\ &=H_0^2E^2(z)\end{aligned} \tag{4.62}$$

式中定义任意时刻的宇宙膨胀率

$$E(z)=\sqrt{\Omega_M(1+z)^3+\Omega_R(1+z)^4+\Omega_\Lambda+\Omega_k(1+z)^2} \tag{4.63}$$

宇宙辐射的成分对应于今天仍具有相对论性质的粒子。根据 CMBR 的观测证据和三种中微子温度略低于 CMBR 光子的温度的假设，相对论性粒子包括温度 $T_\gamma\approx$ 2.7K 的光子与温度 $T_\nu=(4/11)^{1/3}T_\gamma$ 的三种无质量中微子和反中微子。我们可以得到今天总的相对论性粒子密度参量 $\Omega_R=1.681\Omega_\gamma\approx4.183\times10^{-5}h^{-2}$，它极其小，完全可以忽略（注意高红移时它很重要）。因此宇宙膨胀率可化为

$$\begin{aligned} E(z)&=\sqrt{\Omega_M(1+z)^3+\Omega_\Lambda+\Omega_k(1+z)^2}\\ &=\sqrt{\Omega_M(1+z)^3+\Omega_\Lambda+(1-\Omega_M-\Omega_\Lambda)(1+z)^2}\end{aligned} \tag{4.64}$$

式中考虑了今天的密度参量约束关系 $\Omega_M+\Omega_\Lambda+\Omega_k=1$。宇宙学中几乎所有的观测量都通过表达式 $E(z)$ 依赖于各种宇宙学模型参量 Ω_i（$i=M$，R，Λ，k 等）和红移 z，因此 $E(z)$ 是宇宙学中最核心的物理量（图 4.8）。

通常哈勃参量 H 等同于 E，都被称为宇宙膨胀率，即 $H(z)=H_0E(z)$。实际上，图 4.7 表明，哈勃参量随着时间的推移而减小，不管是在减速还是加速膨胀阶段，因此哈勃参量随着时间的变化很复杂，其变化趋势不明显，不能很好地展示宇宙的减速和加速膨胀过程。为此我们根据其定义 $H=\dot{a}/a$，以及红移 z 和标度因子 a 之间的关系式 $1+z=a_0/a$，直接写出宇宙膨胀速度

$$\dot{a}=H\times a=Ha_0/(1+z) \tag{4.65}$$

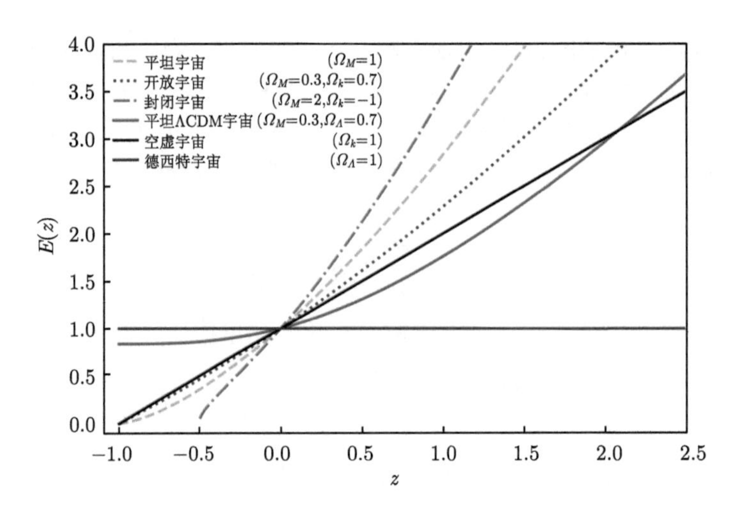

图 4.8　宇宙膨胀率 $E(z)$ 随红移的变化。宇宙学模型见 4.3.4 节

图 4.9 给出了哈勃参量 H 和宇宙速度 $\dot{a}$ 在给定宇宙模型下随红移的变化，图 4.9（b）很清楚地展示了宇宙从减速到加速的过程（详见习题 4.12）。

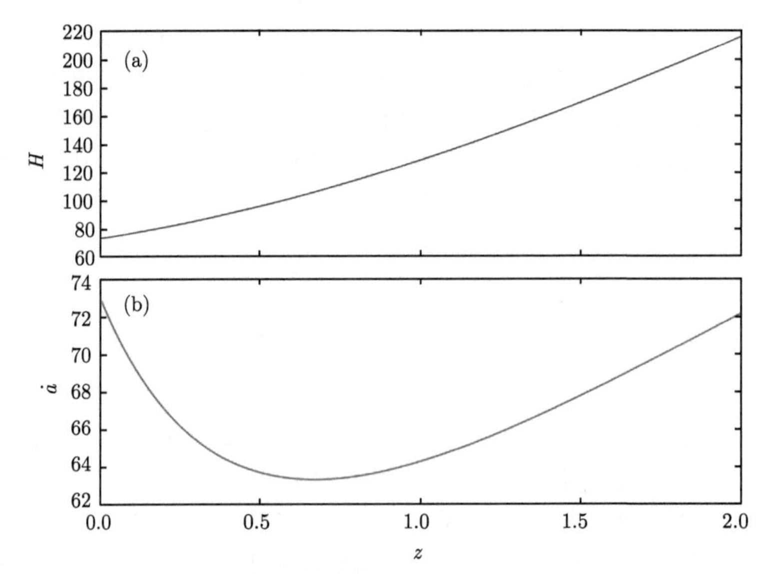

图 4.9　哈勃参量 H（a）和宇宙速度 $\dot{a}$（b）随红移的变化。宇宙学模型取 $h = 0.73$，$\Omega_M = 0.3$，$\Omega_\Lambda = 0.7$，$a_0 = 1$

有了宇宙中各种成分的状态方程和密度演化，可以进一步考虑其在宇宙任意时刻的密度参量定义

$$
\begin{cases}
\Omega_M(z) = \dfrac{\rho_M}{\rho_c} = \dfrac{\rho_{M0}(1+z)^3}{\rho_{c0}E^2(z)} = \dfrac{\Omega_M(1+z)^3}{E^2(z)} \\
\Omega_R(z) = \dfrac{\rho_R}{\rho_c} = \dfrac{\rho_{R0}(1+z)^4}{\rho_{c0}E^2(z)} = \dfrac{\Omega_R(1+z)^4}{E^2(z)} \\
\Omega_\Lambda(z) = \dfrac{\rho_\Lambda}{\rho_c} = \dfrac{\rho_\Lambda}{\rho_{c0}E^2(z)} = \dfrac{\Omega_\Lambda}{E^2(z)} \\
\Omega_k(z) = -\dfrac{kc^2}{a^2(z)H^2(z)} = \dfrac{\Omega_k(1+z)^2}{E(z)^2}
\end{cases}
\tag{4.66}
$$

和临界密度

$$\rho_c = \frac{3H^2}{8\pi G} = \frac{3H_0^2}{8\pi G}E^2(z) = \rho_{c0}E^2(z) \tag{4.67}$$

把弗里德曼方程（4.62）重写为

$$\Omega_M(z) + \Omega_R(z) + \Omega_\Lambda(z) + \Omega_k(z) = 1 \tag{4.68}$$

对于一个今天的平坦宇宙 $k=0$，即 $\Omega_k=0$，$\Omega_M+\Omega_R+\Omega_\Lambda=1$，我们有

$$\Omega_T(z) = \Omega_M(z) + \Omega_R(z) + \Omega_\Lambda(z) = \frac{\Omega_M(1+z)^3}{E^2(z)} + \frac{\Omega_R(1+z)^4}{E^2(z)} + \frac{\Omega_\Lambda}{E^2(z)} = 1 \tag{4.69}$$

上式在宇宙任何演化时期都满足，当然今天 $t=t_0$ 也满足 $\Omega_T=\Omega_M+\Omega_R+\Omega_\Lambda=1$。正如平坦性问题所描述的那样，如果今天宇宙在空间上是平的，那么 $\Omega_T(z)$ 在任何时刻都等于单位 1。图 4.10 给出了平坦宇宙中忽略辐射成分条件下 $\Omega_M(z)$、$\Omega_\Lambda(z)$ 和 $\Omega_T(z)$ 在给定宇宙模型下随红移的变化，该图很清楚地展示了物质和宇宙学常数（真空能）随宇宙演化的相互转化过程。

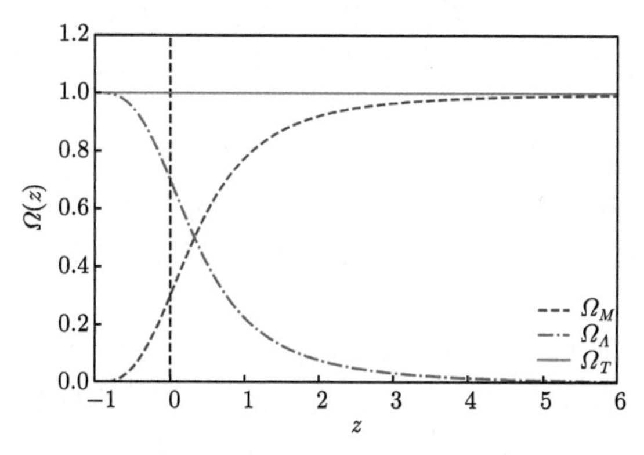

图 4.10 $\Omega_M(z)$、$\Omega_\Lambda(z)$ 和 $\Omega_T(z)$ 随红移的变化。宇宙学模型取 $h=0.73$，$\Omega_M=0.3$，$\Omega_\Lambda=0.7$

本书以及大部分英文宇宙学书中都约定 $H, \Omega(t), \Omega_T(t), \Omega_\Lambda(t), \Omega_M(t), \Omega_R(t)$, $\Omega_k(t)$ 表示在任意 t 时刻之值，其对应的当前 t_0 时刻之值分别为 H_0，Ω_0，Ω_T，Ω_Λ，Ω_M，Ω_R，Ω_k。

习　题

4.9　利用弗里德曼方程和加速度方程推导出流体方程。

4.10　假设宇宙对弗里德曼方程有四种不同物质成分的贡献，即辐射、非相对论性物质、宇宙学常数和负（双曲）曲率。写出这些成分以标度因子 $a(t)$ 为函数的形式。在早期，哪一个成分主导弗里德曼方程？而在晚期又是哪一个主导？

4.11　通过同时考虑弗里德曼方程和加速度方程，并假设一个无压宇宙，证明为了得到一个静态宇宙，我们必须有一个具有正真空能量的封闭宇宙，并且用物理论证或数学证明这个解一定是不稳定的。

4.12　在给定 $H_0 = 73\text{km}\cdot\text{s}^{-1}\cdot\text{Mpc}^{-1}$，$\Omega_M = 0.3$，$\Omega_\Lambda = 0.7$，$a_0 = 1$ 情况下，分别画出 $H(z)$ 和 $H(z)/(1+z)$ 的理论曲线，解释并且讨论宇宙从早期向今天的演化过程中，$H(z)$ 和 $H(z)/(1+z)$ 的变化情况。

4.3.4　弗里德曼方程的解

为了探索宇宙如何演化，我们需要知道宇宙中都存在什么成分。在宇宙学背景下，这是通过指定质量密度 ρ 和压强 p 之间的关系进行的。这种关系被称为状态方程。本节我们主要考虑物质、辐射和宇宙学常数三种可能的状态方程。

物质　在本节中，术语“物质”是宇宙学家对“非相对论的物质”的简称，是指任何施加的压强可忽略不计的物质，即 $p = 0$。有时需要注意避免把在这个意义上使用的“物质”和表示无论是否非相对论性的所有类型的物质混淆。无压宇宙是可以做出的最简单的假设。这个假设用在随宇宙冷却的原子上是一个很好的近似，因为这些原子彼此相隔甚远，很少相互作用。所以它们是对宇宙中星系集合的一个很好的描述，因为它们除了引力之外没有其他相互作用。有时也用“尘埃”来代替“物质”。

辐射　光的粒子自然地以光速运动。它们的动能产生了辐射压，利用辐射的标准理论可以证明其压强大小为 $p = \rho c^2/3$（习题 4.14：一个相当简略的证明）。更一般而言，任何以相对论速度运动的粒子都具有这个状态方程，中微子就是一个明显的例子。

宇宙学常数　在 4.3.3 节中，为了确定对应于 Λ 的有效压强，我们定义能量密度 $\rho_\Lambda = \Lambda/(8\pi G)$，以便使含有 Λ 的加速度方程简化为标准形式。实际上，我们可以更直接地考虑 Λ 的流体方程 $\dot{\rho}_\Lambda + 3\dfrac{\dot{a}}{a}\left(\rho_\Lambda + \dfrac{p_\Lambda}{c^2}\right) = 0$。由于 ρ_Λ 在定义上是正的常数，因此必须有 $p_\Lambda = -\rho_\Lambda c^2$。宇宙学常数具有负压强，这意味着当宇宙

膨胀时，宇宙学常数流体做功。这使得它的能量密度保持常数，即使宇宙的体积增加。关于它的物理解释，Λ 有时被看作“空”空间的能量密度。特别是在量子物理学中，一种可能的起源是作为“零点能”，即使没有粒子存在，它仍然存在，尽管不幸的是，粒子理论物理学倾向于预测宇宙学常数远大于观测的允许值。这种差异被称为宇宙学常数问题，而且是基本粒子物理学中未解决的关键问题之一。理论倾向于预测宇宙学常数远大于观测的允许值。

物质辐射相等时刻 物质密度 $\rho_M(t) = \rho_{c0}\Omega_M(1+z)^3$ 和辐射密度 $\rho_R(t) = \rho_{c0}\Omega_R(1+z)^4$ 随着宇宙红移 z 的演化规律不同。辐射密度比物质密度下降快，因此存在一个时刻使物质能量密度等于辐射能量密度，称为物质辐射相等时刻（图 4.11）。这对于大尺度结构的产生和宇宙微波背景辐射各向异性的发展具有特殊的意义，因为扰动在这两个不同时代的增长率不同。令物质密度 ρ_M 和辐射密度 ρ_R 相等，可以得到相等时刻的红移 $z_{\rm eq}$ （对应于 $a_{\rm eq}$ 或者 $t_{\rm eq}$）

$$1+z_{\rm eq} = \frac{a_0}{a_{\rm eq}} = \frac{\Omega_M}{\Omega_R} \approx 2.39\times10^4\Omega_M h^2 \tag{4.70}$$

上式应用了 $\Omega_R = 1.681\Omega_\gamma \approx 4.183\times10^{-5}h^{-2}$。很明显，随着今天宇宙中物质的数量 $\Omega_M h^2$ 上升，相等时刻的红移也上升。在 4.2.1 节中我们得到宇宙的温度 $T(t) = \dfrac{a(t_0)T_{\rm CMB}}{a(t)} = T_{\rm CMB}\times(1+z)$。在红移 $z_{\rm eq}$ 时刻，宇宙的温度为

$$T_{\rm eq} = T_{\rm CMB}(1+z_{\rm eq}) = 6.45\times10^4\Omega_M h^2\Theta_{2.7}({\rm K}) \tag{4.71}$$

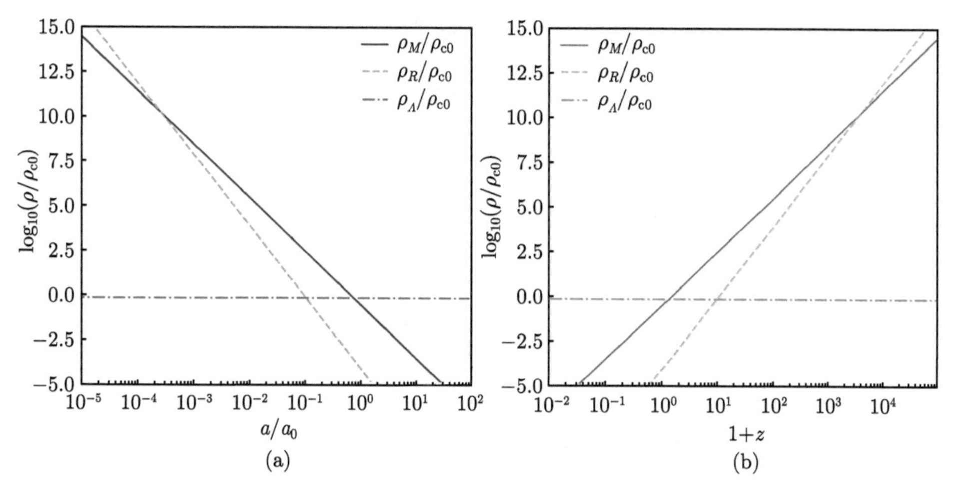

图 4.11 物质、辐射和宇宙学常数能量密度随标度因子 a（a）和红移 z（b）的变化。宇宙学模型取 $h=0.73$，$\Omega_M=0.3$，$\Omega_\Lambda=0.7$，$\Omega_R=4.183\times10^{-5}h^{-2}$，$a_0=1$

式中 $T_{\mathrm{CMB}} = 2.7\Theta_{2.7}\mathrm{K}$ 是宇宙微波背景辐射在今天的温度，$\Theta_{2.7}$ 是确定 T_{CMB} 的不确定度，类似宇宙学常数的不确定度 h。

因此，对于 $t < t_{\mathrm{eq}}$（或 $z > z_{\mathrm{eq}}$），宇宙中的能量密度由辐射主导，状态方程为 $p = \rho c^2/3$，称为辐射主导时期；而对于 $t > t_{\mathrm{eq}}$ （或 $z < z_{\mathrm{eq}}$），则由无压 ($p = 0$) 物质控制，即物质主导时期。

空虚宇宙或者米尔恩（Milne）宇宙或者曲率主导的宇宙 在英国数学家、天体物理学家和宇宙学家爱德华 · 亚瑟 · 米尔恩（Edward Arthur Milne，1896 年—1950 年）试图建立宇宙学的运动学理论（如 Milne，1948）之后，空虚世界模型有时被称为米尔恩模型。在这种宇宙里，宇宙学参量 $\Omega_M = \Omega_\Lambda = \Omega_R = 0$ 和 $\Omega_k = 1$。宇宙的整体几何是双曲型的，弗里德曼方程化为

$$\frac{\dot{a}^2}{a^2} = -\frac{kc^2}{a^2} \tag{4.72}$$

式中 a 取 t_0 时刻之值，得到 $k = -\left(\frac{H_0\dot{a}_0}{c}\right)^2 < 0$。因此很容易得到上述方程的解

$$a(t) = a_0\left(\frac{t}{H_0^{-1}}\right) = \dot{a}_0\left(\frac{t}{t_H}\right) \tag{4.73}$$

式中 $t_H = 1/H_0$ 是哈勃时间。图 4.12 展示了空虚宇宙的标度因子 a（归一到 a_0）随着时间 t（以 t_H 为单位）的演化。空虚宇宙只包含均匀膨胀的非引力实验粒子，而不包含任何物质。伴随宇宙膨胀的实验粒子（例如星系）既不减速也不加速。任何特定的粒子，相对于同一个基本观测者，总是以相同的速度运动，这有时被称为自由膨胀。这个模型与真实宇宙无关，但它在历史上具有很好的教学价值。

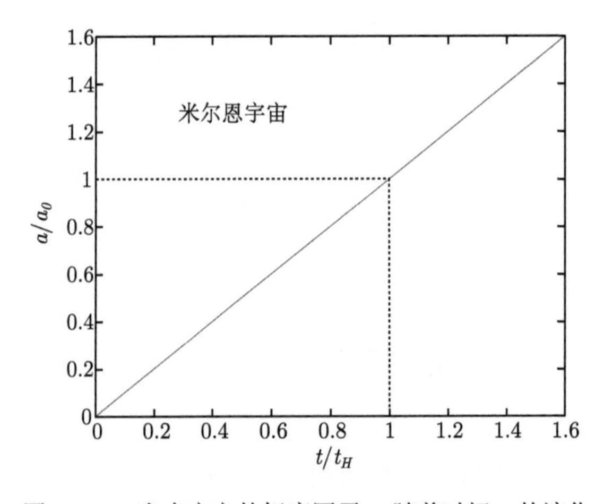

图 4.12 空虚宇宙的标度因子 a 随着时间 t 的演化

辐射主导宇宙 在这个宇宙学模型中，辐射代替了非相对论性物质支配宇宙，忽略了空间曲率和宇宙学常数，因此宇宙学参量为 $\Omega_R = 1$，$\Omega_M = \Omega_\Lambda = \Omega_k = 0$ 和状态方程 $\omega = 1/3$。把由辐射状态方程和流体方程得到的密度演化 $\rho_R = \rho_{R0}\left(\frac{a_0}{a}\right)^4$ 代入辐射主导的弗里德曼方程

$$\left(\frac{\dot{a}}{a}\right)^2 = \frac{8\pi G}{3}\rho_R \tag{4.74}$$

方程进一步化为

$$a^2\dot{a}^2 = \frac{8\pi G\rho_{R0}a_0^4}{3} \quad \text{或者} \quad a\mathrm{d}a = \sqrt{\frac{8\pi G\rho_{R0}a_0^4}{3}}\mathrm{d}t \tag{4.75}$$

假定 $\dot{a} > 0$，$a > 0$ 并且 $t = t_{R0}$（辐射主导宇宙的年龄），$a = a_0$，积分上式得到

$$a(t) = a_0(32\pi G\rho_{R0}/3)^{1/4}t^{1/2} = a_0\left(\frac{t}{t_{R0}}\right)^{1/2} \propto t^{1/2} \tag{4.76}$$

式中用到 $\rho_{R0} = \dfrac{H_0^2}{8\pi G/3}$，由在 t_0 时刻弗里德曼方程或者 $\rho_{R0} = \Omega_R\rho_{c0}$ 在 $\Omega_R = 1$ 情况下得出，以及辐射主导宇宙的年龄

$$t_{R0} = (32\pi G\rho_{R0}/3)^{-1/2} = \frac{H_0^{-1}}{2} = \frac{t_H}{2} \tag{4.77}$$

图 4.13 展示了辐射主导宇宙的标度因子 a（归一到 a_0）随着时间 t（以 t_{R0} 为单位）的演化。将标度因子 a 的表达式（4.76）代入密度演化方程 $\rho_R = \rho_{R0}\left(\frac{a_0}{a}\right)^4$ 中得出辐射密度的演化

$$\rho_R(t) = \rho_{R0}\left(\frac{t_{R0}}{t}\right)^2 = \frac{\rho_{R0}t_{R0}^2}{t^2} \tag{4.78}$$

标度因子（4.76）和密度演化方程（4.78）构成了第二个经典演化宇宙学解。辐射占主导地位，宇宙的膨胀会比物质占主导地位时慢，这是压强提供的额外减速的结果，可以从加速度方程 $\dfrac{\ddot{a}}{a} = -\dfrac{4\pi G}{3}(\rho + \dfrac{3p}{c^2})$ 很容易看出来。因此，把压强看作以某种方式把宇宙“吹”开，这绝对是错误的。

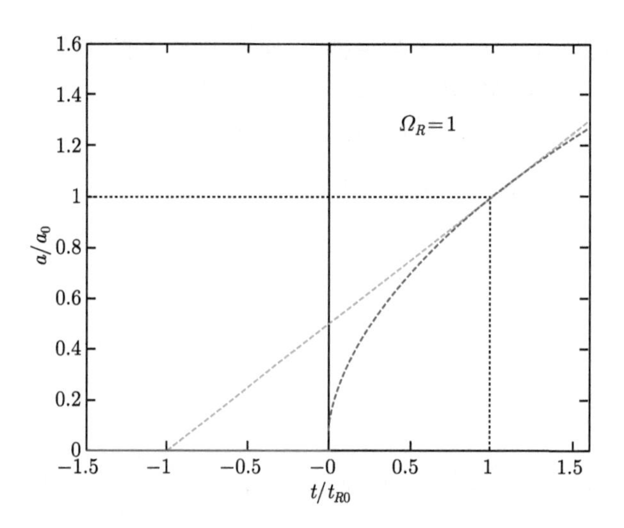

图 4.13　辐射主导宇宙的标度因子 a 随着时间 t 的演化

物质主导宇宙　在物质主导宇宙中，物质压强非常小，$p \ll \rho c^2$，因此压强 $p = 0$，状态方程 $\Omega = 0$。宇宙学常数也忽略。模型参量为 $\Omega_R = \Omega_\Lambda = 0$，$\Omega_M + \Omega_k = 1$，弗里德曼方程为

$$\frac{\dot{a}^2}{a^2} = \frac{8\pi G}{3}\rho_M - \frac{kc^2}{a^2} \tag{4.79}$$

上式对应于 k 的不同取值，有三种可能的宇宙模型，即开放的（$k < 0$）、平坦的（$k = 0$）和封闭的（$k > 0$）宇宙（图 4.14）。这也是 1998 年之前宇宙学家公认的可能的宇宙模型。

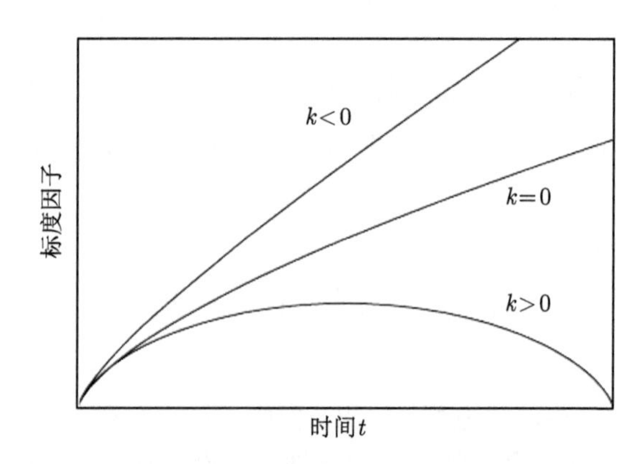

图 4.14　三种可能的宇宙模型，即 $k < 0$，$k = 0$ 和 $k > 0$

（1）**开放宇宙**。这个模型也称为开放冷暗物质（open cold dark matter，OCDM）

模型，模型参量 $0 < \Omega_M < 1$，$0 < \Omega_k = 1 - \Omega_M < 1$，$k = -1 < 0$。整体几何是开放的双曲形的。其弗里德曼方程为

$$\left(\frac{\dot{a}}{a}\right)^2 = \frac{8\pi G}{3}\rho_M + \frac{c^2}{a^2} \tag{4.80}$$

如图 4.14 中最上面曲线所示，这样一个低密度的宇宙将永远膨胀下去。物质会扩散得越来越稀薄。随着宇宙温度接近绝对零度，相当寒冷，宇宙将变得非常黑暗。宇宙不会结束，将无尽头地膨胀，哈勃参量 $H(t)$ 将永远大于 0。确切地说，宇宙最终只是达到一个大寒冷（big chill）状态。弗里德曼方程中第二项 $\rho_M \sim a^{-3}$ 随着宇宙膨胀比第三项 $\sim a^{-2}$ 下降得快，最终转变成一个自由膨胀的空虚宇宙。

（2）**封闭宇宙**。这样的宇宙的模型参量是 $\Omega_M > 1$，$\Omega_k = 1 - \Omega_M < 0$，$k = 1 > 0$。整体几何是封闭的球形的。其弗里德曼方程为

$$\left(\frac{\dot{a}}{a}\right)^2 = \frac{8\pi G}{3}\rho_M - \frac{c^2}{a^2} \tag{4.81}$$

如图 4.14 中最下面曲线所示, 这样一个高密度宇宙的膨胀将减慢，直到它达到最大，此时宇宙停止膨胀，即 $H = 0$，因为引力持续存在，然后不可避免地开始向回坍缩。这就像一个大爆炸宇宙膨胀的视频回放，宇宙将变得越来越致密，越来越热，直到最终在一个无限热、无限密的大挤压（big crunch）中结束，宇宙最终再次回到大爆炸，此时也许为另一次大爆炸提供了种子。

（3）**平坦宇宙**。也称为标准冷暗物质（standard cold dark matter，SCDM）模型或者爱因斯坦–德西特宇宙（Einstein-de Sitter universe）或者临界宇宙（critical universe）（如图 4.14 中中间曲线所示）。这样的宇宙的模型参量是 $\Omega_M = 1$，$\Omega_k = 0$，$k = 0$，因此整体几何是平坦的，其弗里德曼方程为（以下推导和辐射为主相同）

$$\frac{\dot{a}^2}{a^2} = \frac{8\pi G}{3}\rho_M \tag{4.82}$$

进一步化为

$$a\dot{a}^2 = \frac{8\pi G}{3}\rho_{M0}a_0^3 \tag{4.83}$$

假定 $\dot{a} > 0$，$a > 0$ 并且 $t = t_{M0}$（物质主导宇宙的年龄），$a = a_0$，积分上式得到

$$a(t) = a_0(6\pi G\rho_{M0})^{1/3}t^{2/3} = a_0\left(\frac{t}{t_{M0}}\right)^{2/3} \propto t^{2/3} \tag{4.84}$$

式中我们用到 $\rho_{M0}=\dfrac{H_0^2}{8\pi G/3}$，由 t_0 时刻弗里德曼方程或者 $\rho_{M0}=\Omega_M\rho_{c0}$ 在 $\Omega_M=1$ 情况下得出，以及物质主导宇宙的年龄

$$t_{M0}=(6\pi G\rho_{M0})^{1/2}=\frac{2H_0^{-1}}{3}=\frac{2t_H}{3} \tag{4.85}$$

图 4.15 展示了物质主导宇宙的标度因子 a（归一到 a_0）随着时间 t（以 t_{M0} 为单位）的演化。将标度因子 a 的表达式（4.84）代入密度演化方程 $\rho_M=\rho_{M0}\left(\dfrac{a_0}{a}\right)^3$ 中得出物质密度的演化

$$\rho_M(t)=\rho_{M0}\left(\frac{t_{M0}}{t}\right)^2=\frac{\rho_{M0}t_{M0}^2}{t^2} \tag{4.86}$$

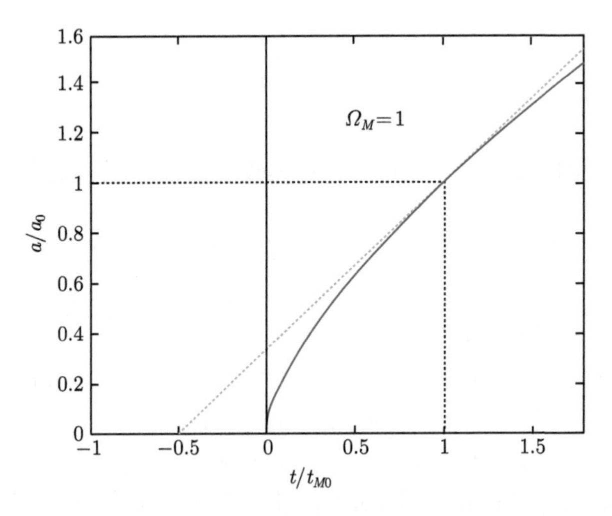

图 4.15 物质主导宇宙的标度因子 a 随着时间 t 的演化

注意，与辐射主导宇宙一样，密度都以 t^2 的形式下降。标度因子（4.84）和密度演化方程（4.86）构成了第一个经典演化宇宙学解。在这个宇宙中，哈勃膨胀率随着宇宙演化而减小

$$H\equiv\frac{\dot{a}}{a}=\frac{2}{3t} \tag{4.87}$$

随着宇宙变得无限老，膨胀率会变得无限小。但是哈勃参量 H 永远大于 0，尽管有引力的作用，宇宙中的物质并没有向回坍缩，而是永远膨胀。宇宙膨胀将在无限遥远的未来才能停止。宇宙既不会在一个大挤压中结束，也不会膨胀到一个无限大寒冷，而是将会保持平衡状态。

如图 4.14 所示，物质主导的宇宙三种演化行为与牛顿推导的弗里德曼方程中的粒子能量 U 有关。如果粒子能量为正，那么它可以逃逸到无穷远，最终势能变为零，动能由 U 给出。如果总能量为零，那么粒子就可以以零速度逃逸。如果能量为负，它无法逃脱引力的吸引，注定坍缩回来。

物质和辐射的粒子数密度 数密度就是给定体积中的粒子数。如果每个粒子的平均能量（包括任何质量–能量）为 $\langle E\rangle$，那么数密度与能量密度的关系为

$$\epsilon = n \times \langle E\rangle = \rho c^2 \tag{4.88}$$

对于物质和辐射，数密度是非常有用的，因为在大多数情况下粒子数是守恒的。例如，如果粒子间的相互作用可以忽略不计，一个电子就不会突然消失湮灭，光子也是如此。粒子数可以通过相互作用而改变，例如电子和正电子可以湮灭并产生两个光子。然而，如果相互作用速率很高，宇宙则处于热平衡状态。如果是这样，那么即使在高度相互作用状态下，粒子数也是守恒的。因为根据定义，热平衡意味着任何可以改变某一特定类型粒子的数密度的相互作用，正反两个方向进行的速率必须相同，这样才能抵消产生的任何变化。所以，除了热平衡不成立的短暂时期，我们期望粒子数是守恒的。因此，唯一能够改变数密度的是体积变大，这样这些粒子分散在较大的空间内。这意味着数密度

$$n \propto \frac{1}{a^3} \tag{4.89}$$

它对于物质和辐射都成立。非相对论性粒子的能量是由等于常数的静止质量–能量 E_M 决定，所以有

$$\rho_M \propto \epsilon_M \propto n_M \times E_M \propto \frac{1}{a^3} \times \text{const} \propto \frac{1}{a^3} \tag{4.90}$$

但是光子随宇宙膨胀失去能量，它们的波长被拉伸，所以它们的能量 $E = hf$ 正比于 $1/a$，降低了的能量正是我们用来测量距离的红移效应，因此有

$$\rho_\gamma \propto \epsilon_\gamma \propto n_\gamma \times E_\gamma \propto \frac{1}{a^3} \times \frac{1}{a} \propto \frac{1}{a^4} \tag{4.91}$$

这些与前面得出的结论完全一样。如上所述，辐射密度演化与物质密度演化相比多出来的这个 $1/a$，除了因为宇宙膨胀使光子波长拉长、能量降低外，还有在热力学方面的解释，它是宏观的而不是微观的。因为在这种情况下，宇宙存在一个辐射压强，当它膨胀时所做的功为 $p\mathrm{d}V$，与气体在活塞内做功的形式完全相同。这完全符合热力学第一定律 $\mathrm{d}E + p\mathrm{d}V = T\mathrm{d}S = \mathrm{d}Q = 0$，详细见第 3 章牛顿宇宙学。

综上所述，虽然物质和辐射的能量密度的演化方式不同，但是它们粒子数的演化方式相同。因此，除了热平衡假设不成立的时期之外，不同粒子（例如，电子和光子）的相对数密度不随宇宙膨胀而变化。

真空能主导宇宙 也称为德西特宇宙（de Sitter universe）或者临界宇宙。假设宇宙是空的（$p=\rho=0$），只包含宇宙学常数（真空能），即模型参量 $\Omega_R=\Omega_M=0$，$\Omega_\Lambda+\Omega_k=1$。其密度和压强分别为

$$\rho_\Lambda=\frac{\Lambda}{8\pi G},\quad p_\Lambda=-\rho_\Lambda c^2=-\frac{\Lambda c^2}{8\pi G} \tag{4.92}$$

弗里德曼方程

$$\frac{\dot{a}^2}{a^2}+\frac{kc^2}{a^2}=\frac{\Lambda}{3} \tag{4.93}$$

在这个极限下，弗里德曼方程的解 $a(t)$ 是双曲三角函数：$k=-1$ 为双曲正弦，$k=1$ 为双曲余弦，$k=0$ 为指数，

$$a(t)=\begin{cases}\dfrac{c}{H}\sinh(Ht) & (k=-1)\\ \dfrac{c}{H}\cosh(Ht) & (k=1)\\ \dfrac{c}{H}\exp(Ht) & (k=0)\end{cases} \tag{4.94}$$

式中

$$H=\sqrt{\frac{\Lambda}{3}}=\sqrt{\frac{8\pi G\rho_\Lambda}{3}} \tag{4.95}$$

注意，式中 H 不是在任意时刻都是哈勃参量，只有在 $k=0$ 情况下才是。

图 4.16 描绘了三种真空能主导宇宙中标度因子 a（以 c/H 为单位）随时间 t（以 H^{-1} 为单位）的演化。这三个解都朝着指数 $k=0$ 的解演化，指数 $k=0$ 的解通常被称为德西特空间（或模型或宇宙），首先由荷兰数学家和天文学家德西特（de Sitter，1872 年—1934 年）研究并以他的名字命名。在德西特宇宙中，$\Omega_\Lambda=1$，$\Omega_k=\Omega_M=\Omega_R=0$，所以它也被称为临界宇宙。德西特宇宙完全被真空能量主导，并且显然是不稳定膨胀的极限，因为当宇宙演化时，真空能量保持不变，而其他物质组成（物质、辐射和曲率）密度红移稀释到零。在德西特宇宙中，由于正宇宙学常数（真空能）的排斥力效应，实验粒子彼此远离。在过去的几十年里，德西特模型的历史意义微乎其微。然而，近年来，它已成为暴胀宇宙模型的一个主要组成部分，在暴胀宇宙模型中，在一定的时间间隔内，膨胀呈现指数特征，由于量子效应，流体的状态方程的形式为 $p_\Lambda=-\rho_\Lambda c^2$。实际上，它也是当今加速膨胀宇宙模型的主要机制之一。

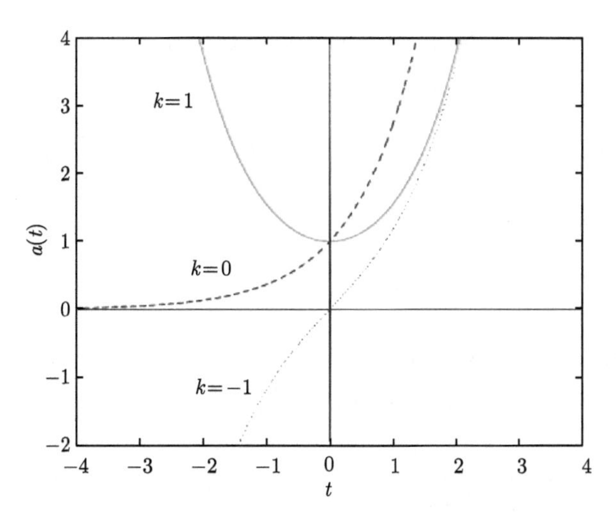

图 4.16　三种真空能主导宇宙中标度因子 a（以 c/H 为单位）随时间 t（以 H^{-1} 为单位）的演化

宇宙学模型的推广与 ΛCDM 宇宙　我们可以给出物质或辐射或真空能量主导的宇宙演化的一般形式。在 4.3.3 节中我们把各种成分的状态方程统一写成 $p=\omega\rho c^2$，其中 ω 是不依赖于时间或者红移的常数。将状态方程代入流体方程给出了密度演化 $\rho\propto a^{-3(1+\omega)}$。令 x 代表每一类成分，可以进一步写为

$$\rho_x=\rho_{x0}(a_0/a)^{3(1+\omega)} \tag{4.96}$$

忽略掉曲率项，弗里德曼方程化为

$$\left(\frac{\dot{a}}{a}\right)^2=\frac{8\pi G\rho_x}{3} \tag{4.97}$$

将密度 ρ_x 代入得到 a 的解

$$a(t)=At^{2/[3(1+\omega)]} \tag{4.98}$$

式中 $A=\left[\sqrt{\frac{8}{3}\pi G\rho_{x0}a_0^{3(1+\omega)}}\frac{2}{3(1+\omega)}\right]^{\frac{2}{3(1+\omega)}}$。具体的解如下：

对于辐射主导宇宙 $(\omega=1/3)$

$$a(t)\sim t^{1/2} \tag{4.99}$$

对于物质主导宇宙（$\omega=0$）

$$a(t)\propto t^{2/3} \tag{4.100}$$

更一般来说，假定 $a > 0$ 和 $\dot{a} > 0$，我们可以从包含所有组成部分的最一般弗里德曼方程（4.32）中得到宇宙的演化方程

$$\frac{\mathrm{d}a}{\mathrm{d}t} = H_0 a\sqrt{\Omega_M(a_0/a)^3 + \Omega_R(a_0/a)^4 + \Omega_\Lambda + \Omega_k(a_0/a)^2} \tag{4.101}$$

或者标度因子 a 归一到 a_0

$$\frac{\mathrm{d}(a/a_0)}{\mathrm{d}t} = H_0\sqrt{\Omega_M(a_0/a) + \Omega_R(a_0/a)^2 + \Omega_\Lambda(a_0/a)^{-2} + \Omega_k} \tag{4.102}$$

积分上式，并且利用密度参量约束关系 $\Omega_M + \Omega_R + \Omega_\Lambda + \Omega_k = 1$，可以对各种宇宙学模型用数值计算出宇宙的标度因子 $a(t)$

$$\int_1^{a/a_0} \frac{\mathrm{d}(a/a_0)}{\sqrt{\Omega_M(a_0/a) + \Omega_R(a_0/a)^2 + \Omega_\Lambda(a_0/a)^{-2} + \Omega_k}} = \int_{t_0}^{t} H_0\mathrm{d}t \tag{4.103}$$

上式积分结果见图 4.17。

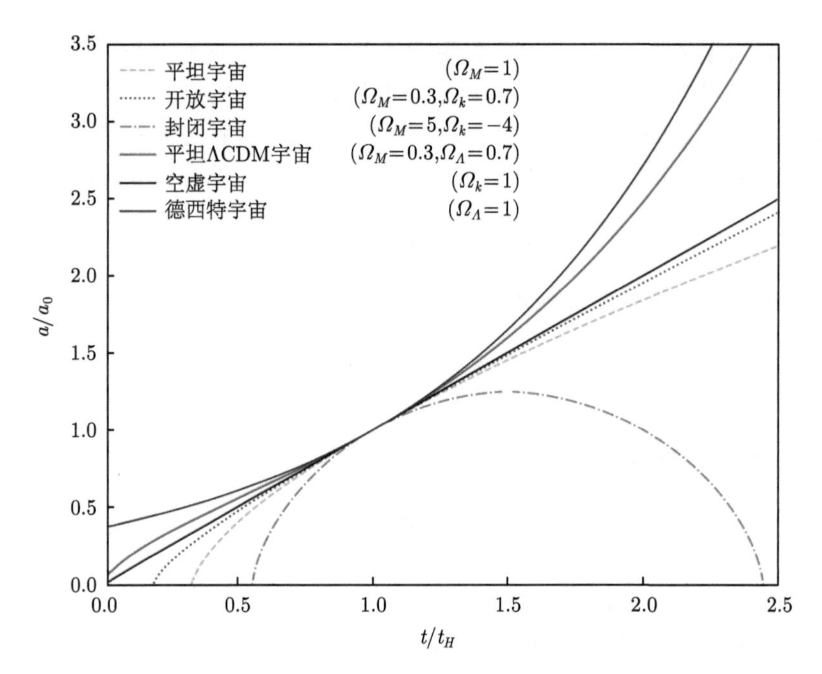

图 4.17 各种宇宙模型下标度因子 a/a_0 随宇宙时间 t/t_H 的演化

我们考虑标准的宇宙学常数冷暗物质模型（Λ–cold dark model，ΛCDM），模型参量 $0 < \Omega_M < 1$, $0 < \Omega_\Lambda = 1 - \Omega_M < 1$，$\Omega_k = 0$ $(k = 0)$，弗里德曼方程为

$$\frac{\dot{a}^2}{a^2} = \frac{8\pi G}{3}\rho_M + \frac{\Lambda}{3} \tag{4.104}$$

其解由图 4.17 中最上面黄实线描绘出。宇宙学家越来越达成共识，宇宙物质的总密度等于临界密度，因此宇宙在空间上是平坦的。宇宙组成中大约有 3/10 是低压物质（$\Omega_M = 0.3$），其中大部分被认为是非重子暗物质，而剩余的 7/10 被认为是负压的暗能量，像宇宙学常数（$\Omega_\Lambda = 0.7$）。宇宙将继续以失控状态膨胀，如图 4.17 的红实线所示。WMAP 卫星测量了大爆炸理论的基本参数，表明宇宙的几何结构是平坦的，并且将永远膨胀下去。

习 题

4.13 光子随宇宙膨胀，波长拉长，产生红移的过程中如何保证能量守恒？失去的能量去哪里了？

4.14 推导辐射的状态方程 $p = \rho c^2/3$。

理想气体压强为 $p = \dfrac{1}{3}n\langle \boldsymbol{v}\cdot\boldsymbol{p}\rangle$，式中 $\langle * \rangle$ 表示粒子运动方向上的平均值，n 是数密度，p 代表压强，$\boldsymbol{p}$ 代表动量，$|\boldsymbol{v}| = c$ 是光速。对于相对论性粒子，能量 $E = pc$。因此可以得到 $p = \dfrac{1}{3}n\langle E\rangle$，式中 $\langle E\rangle$ 是平均光子能量，并且 $n\langle E\rangle = \epsilon = \rho c^2$。

4.15 假设一类物质具有更一般的状态方程 $p = (\gamma - 1)\rho c^2$，其中 γ 是 $0 < \gamma < 2$ 范围内的常数；平坦几何（$k = 0$）。

（1）求含有这类物质的宇宙的 $\rho(a)$，$a(t)$ 的解，从而得到 $\rho(t)$。

（2）如果 $p = -\rho c^2$，解是什么？

（3）求 γ 值使 ρ 与曲率项 kc^2/a^2 具有相同的时间依赖性。在假设 k 为负的情况下，求出具有此 γ 值的流体的完整弗里德曼方程的解 $a(t)$。

4.16 物质主导的宇宙只包含物质（$p = 0$），$\rho = \rho_0/a^3$，其弗里德曼方程为

$$\frac{\dot{a}^2}{a^2} = \frac{8\pi G}{3}\rho - \frac{kc^2}{a^2}$$

（1）考虑封闭宇宙（$k > 0$），证明方程的参数解

$$a(\theta) = \frac{4\pi G\rho_0}{3k}(1 - \cos\theta), \qquad t(\theta) = \frac{4\pi G\rho_0}{3k^{3/2}}(\theta - \sin\theta)$$

求解这个方程，其中 θ 是一个从 0 到 2π 的变量。画 a 和 t 是 θ 的函数草图来定性描述宇宙的行为，并尝试将 a 描绘成 t 的函数。

（2）考虑开放宇宙（$k < 0$），在弗里德曼方程的最后一项即曲率项支配密度项的情况下，求解 $a(t)$。物质密度是如何随时间变化的？被曲率项支配是一种永远持续的稳定状态吗？

4.3.5 宇宙的几何

我们需要考虑出现在弗里德曼方程 $\left(\dfrac{\dot{a}}{a}\right)^2 = \dfrac{8\pi G}{3}\rho - \dfrac{kc^2}{a^2}$ 中的常数 k 的真正意义。在第 3 章牛顿的推导中，$k = -2U/(mc^2x^2)$，我们把它视为对表征宇宙的

粒子的单位质量的能量的测量，无任何几何意义，而它在广义相对论中的真正含义是对空间曲率的测量。广义相对论告诉我们，引力是由于四维时空弯曲（或者曲率）造成的，在任何一本广义相对论教科书中都可以找到完整的分析。这里把重点放在 k 的解释上，即测量三维空间的曲率。

我们要求宇宙模型是均匀和各向同性的。具有此属性的最简单的几何类型就是所谓的平坦几何，欧几里得几何的一般规则在其中都适用。然而，事实证明，平坦几何并非满足均匀和各向同性的唯一选择。相反，宇宙有三种都满足此条件的可能的几何，它们分别对应 k 是零、正值或负值。

平坦几何　欧几里得几何是基于一组简单的公理（例如两点之间线段最短），再加上一个更复杂的公理，即平行线间距保持不变。这些是几何标准定律的基础，并得到以下推论：三角形的内角之和等于 180°；半径为 r 的圆的周长为 $2\pi r$。这样的几何很可能适用于我们的宇宙。如果是这样的话，宇宙在某种程度上一定是无限的，因为如果它达到了一个明确的边缘，那么将违反宇宙从任意一点看起来都相同的原则（各向同性）。具有这种几何学的宇宙通常被称为平坦宇宙。

球形几何　欧几里得几何总是希望更人为的最终公理可以由其他公理证明得出。直到 19 世纪，德国著名的数学家黎曼（Riemann，1826 年—1866 年）才证明，欧几里得几何的最终公理是一个任意选择，人们可以做出其他假设。这样，他创立了非欧几里得几何学，为爱因斯坦广义相对论提供了数学基础。

最简单的一种非欧几何是我们非常熟悉的球形几何，例如，环绕地球航行时就会用到。在考虑宇宙有三维几何之前，先考察一下二维表面的地球，如图 4.18 所示。

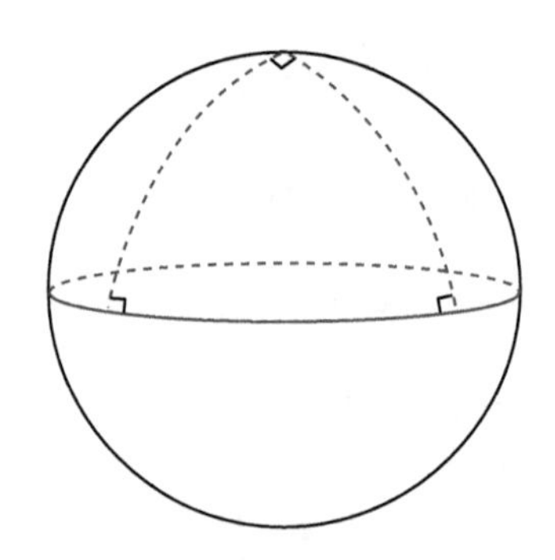

图 4.18　球面几何示意图，代表正的曲率 k

首先，我们知道，一个完美的球体从其表面上的任何点来看都是一样的，所以满足各向同性的条件。但是，与平坦几何的情况不一样，球面是有限的，其面积为 $4\pi r^2$。然而，球面没有边界，如同地球表面没有“边缘”。因此，完全有可能存在一个有限的、没有边界的宇宙。

如果我们在地球表面上绘制平行线，那么它们违反欧几里得的最终公理：平行线间距保持不变。两点之间线段最短的直线定义意味着球面几何中的直线是球面大圆的一部分，如赤道和经线。经线是欧几里得公理失效的一个很好反例，它们穿过赤道且彼此平行，但不是一直保持恒定的距离，而是在两极相遇（如图 4.18 所示）。除了赤道以外，纬线不是直线，这就是飞机不沿纬线飞行的原因，因为这不是最短的路线！

如果在球面上画一个三角形，我们发现它的内角和不等于 180°。最简单的例子是从北极开始引出两条相隔 90° 的直线至赤道，然后在赤道上连接这两条直线。这样就画出了一个三个内角都是 90° 的三角形（如图 4.18 所示）。

在球面上，圆的周长也没有遵从欧几里得的一般定律。假设从北极出发以 r 为半径画一个圆，可以选择半径 r 的大小使得到的圆恰好是赤道。在球体表面测得的半径 r 对应于环绕球面大圆的四分之一，所以 $r = \pi R/2$，其中 R 是地球半径。然而，赤道上的圆周长 $c = 2\pi R = 4r$，小于通常的关系式 $2\pi r$。更一般情况见习题 4.17。

这里我们只考虑了代数简单的具体情况，但不管画什么样的三角形或圆，上述结果都是对的，即① 三角形内角和大于 180°；② 圆的周长小于 $2\pi r$。如果画任意一个三角形或圆形，其比地球要小得多，那么欧几里得定律就开始成为一个很好的近似。当然，在日常生活中，我们不必担心会打破欧几里得定律，尽管环球长途旅行中我们必须遵守地球是球形的认识。因此，球面上的小三角形的内角和只略大于 180°。这个特性使得很难测量我们自己宇宙的几何学，因为我们可以精确测量的邻近区域只是宇宙的小部分。因此，无论宇宙整体几何结构如何，我们所在的局部区域几乎完全遵循欧几里得定律。这非常类似于“井底之蛙”。

最重要的是我们的三维宇宙有类似二维球面的属性。不幸的是，我们的大脑不习惯于想象三维是弯曲的，所以必须用刚才描述的二维情况进行类比。当想到弯曲的球面时，我们很自然地将它想象成三维宇宙中的二维弯曲空间。重要的一点是，曲率尤其是 k 不等于零的情况是二维球面本身的一个性质；刚刚描述的三角形和圆的属性都是在这样的曲面上绘制的。这一性质的经典应用就是古希腊人利用这些定律推断出地球是球形的，甚至通过这一性质能够很好地估计地球的直径。当我们讨论球形几何时，实际上没有必要把它想象成存在于我们的三维空间里。在讨论几何学时，只需记住，我们被假定局限于球体的表面，不允许离开表面向想象中心移动或离开想象中心。所有这些都是用来类比我们的三维宇宙可能发生的事情。二维球体的类比被称为三维球。如果有四维生物存在，如同我们作为三维生物能够想象二维空间的曲率一样，他们可以想象三维空间的曲率，尤其是 k 不等于零的情况。然而，像二维球面一样，三维空间可能的曲率是一种内在特性，它没有存在于更高的维度之中的实际需要。但是获得它的正确心理图像是理解我们宇宙的一个巨大挑战！

球形几何的宇宙，就像地球的表面一样，大小有限，但是没有边界，所有的点都是相同的。如果我们生活在一个球形几何上，并沿一条直线行进，我们不会继续永远地走下去。相反，我们最终会从相反的方向回到起点，正如同有人在地球上从北极向外行驶，最终从相反的方向回到北极一样。这种宇宙在弗里德曼方程中选择的 k 是正值。因为球形几何的特殊性质是由曲率决定的，所以 k 常常因此被称为曲率项。总之，$k>0$ 的宇宙，因为它的大小是有限的，通常被称为封闭宇宙。

双曲几何 k 取负值对应的几何称为双曲几何，它比球形几何更不被我们熟悉，如图 4.19 所示，它通常由马鞍状曲面表示。尽管很难看出它与各向同性一致，但实际上它确实是。在双曲几何上，平行线永远不会相交。事实上，它们通过彼此分离，从而打破了欧几里得的公理。双曲几何的行为可以从之前的几何状态推测出来，它与球形几何相反，即① 三角形内角和小于 180°；② 圆的周长大于 $2\pi r$。

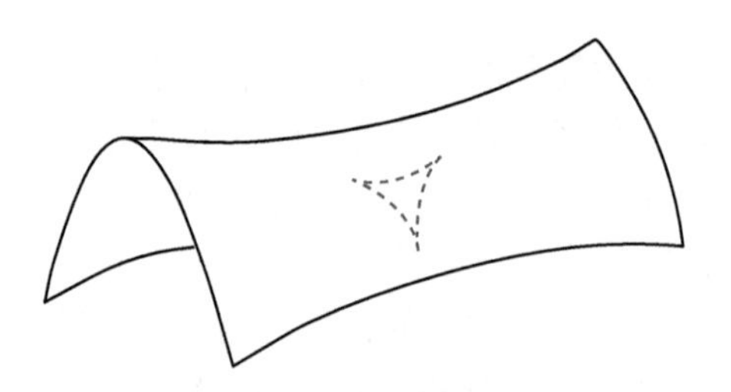

图 4.19 马鞍面示意图，代表当 k 为负数时的双曲几何

因为平行线永不相交，这种宇宙必须是无限的，就像平面的情况一样。这种 $k<0$ 的宇宙被称为开放宇宙。表 4.1 总结了各种几何特征。

表 4.1 各种几何特征的总结

曲率	几何形状	三角形内角和	圆的周长	宇宙类型
$k>0$	球形	$>180°$	$c<2\pi r$	封闭型
$k=0$	平坦	$180°$	$c=2\pi r$	平坦型
$k<0$	双曲	$<180°$	$c>2\pi r$	开放型

无限和可观测宇宙 在平坦和开放宇宙情况下，“宇宙是无限的”究竟意味着什么？这个性质与宇宙是否永远存在无关，意思是，即使在有限的时间里，宇宙也已经是无限大了，它真正地向各个方向永远不断地扩张。甚至尽管这样，不管宇宙的总体是否无限，它仍然能够膨胀，天体之间的距离仍然可以增加。如同考虑一个整数，它形成一个无限集，但仍然可以把集合中的每一个数乘以 2 得到一个新的无限集，其中数字间隔是原来的两倍。

然而，这种描述只是一个模型而已，我们无法发现真实的宇宙是否确实永远膨胀下去。宇宙学家经常谈论一个与整个、可能无限大的宇宙不同的概念，即可观测宇宙。这对应于我们能够观测到的宇宙的一部分，由于受到有限光速的限制，随着宇宙变老，由于两种效应的共同作用，可观测的宇宙变得越来越大。首先，宇宙正在膨胀；其次，光在宇宙中传播的时间更长。实际上，我们对宇宙的认识仅限于此，我们也无法得知它是否确实按照宇宙学原理所要求的那样持续到无穷大的距离。例如，宇宙有可能在极大尺度上变得高度不规则，并且有一些理论模型预测这可能会发生。另一种可能性是我们的宇宙可能存在非平庸拓扑。

宇宙拓扑 通常假定具有平坦或开放几何结构的宇宙大小是无限的，尽管光速有限确保我们永远无法证明这一点。但是，还存在另一种可能性：宇宙可能有一个非平庸拓扑结构。几何告诉我们空间或时空的局部形状，而拓扑则描述其整体属性。广义相对论告诉我们，物质的性质决定了几何形状，但没有提及拓扑结构。

拓扑结构最简单的类型是环面和平面，它们与在空间中点的识别有关。例如，如果将一张纸的两个边连接起来形成一个圆柱筒，那么你已经标识了这两个边上的点。蚂蚁现在可以永远绕着圆柱筒走，尽管它在这个环绕方向上的范围是有限的。如果还能弯曲这个圆柱筒使其两端连在一起，就可以得到一个面包圈状的环面。环面像球面一样也是一个没有边界的有限二维表面。然而环面和球面具有不同的整体结构。例如，如果你在球上画任意一个圆圈，它总是可以不断地变形，从而收缩直至消失。但是在环面上围绕它的一个主要方向的圆圈永远不能被连续地移除，它会被“捕获”在环中心孔的周围。这种差异不是由曲面的局部几何性质，而是由整个曲面的整体性质所致，这表明两个曲面具有不同的拓扑结构。

实际上，环面可以由平坦几何构造出来。这样的曲面看起来可能是弯曲的，但是该曲率只是由于曲面在三维空间中的表示方式所致。任何被限制在环面上的居民都会发现，三角形的内角和总是 $180°$，并且圆的周长等于 $2\pi r$。如果我们只能探索一个很小的区域，那就无法判断是生活在一个环面的表面上，还是生活在一个真正无限的平面上。

我们现实的宇宙可能具有一个非平庸的拓扑结构，例如，即使它有平坦的几何，体积也可能是有限的，旅行者也可能在有限的时间内回到起点。如果任何拓扑的尺度比可观测的宇宙大得多，那么我们就没有办法探测到它。但如果它比可观测宇宙小，那么就有可观测的结果。平坦的几何允许任何尺度的拓扑结构，事实上，甚至允许这种尺度在不同的方向上有所不同。如果拓扑尺度很小，那么来自远距离的光在到达我们之前，会环绕宇宙很多次，我们将看到的是同一组星系在同一构型下的多次重复。实际上，这样的重复是看不到的，所以如果有拓扑结构的话，它的规模一定比任何星系巡天尺度都要大。通过对遥远类星体的研究，特别是对宇宙微波背景的研究，拓扑结构规模的极限已被推向可观测宇宙的大小。目前没有发现非平庸拓扑的证据，并且，或许现在正在进行和即将实施的宇宙微波背景辐射的观测应该能够进行决定性的检验，因为大多数宇宙学家预计，拓扑结构将作为一个有趣的可能性被排除。在理论方面，目前还没有一个动机充分的模型预测宇宙中应该存在一个非平庸的拓扑结构，而且宇宙拓扑结构的发现确实会与标准的暴胀宇宙学模型冲突。

在双曲几何中也可能存在非平庸的拓扑结构。原则上，这是一个更有趣的可能性。请记住，这些都是理论上的“传说”而已。然而，最近的宇宙学观测表明，宇宙是非常接近平坦几何的，这意味着即使宇宙的几何远非平坦，而且拓扑尺度处于最小状态，但是它仍然太大，大于可观测宇宙，以至于无法进行天文检测。

大爆炸发生在哪里？　这是一个常见的问题，使人想到，如同传统爆炸一样，宇宙大爆炸来自一个特定的方向和地点。对于传统爆炸来说，这是一个完全合理的问题，所有的物质在爆炸后都从爆炸点向外飞出去。但是宇宙大爆炸并没有那么简单，在一定意义上，这个问题的答案是“既无处不在（everywhere），又无处可寻（nowhere）”。

首先，整个理论的基础是宇宙学原理，它告诉我们，宇宙中没有任何一点是特殊的。如果宇宙大爆炸发生在一个特定的点，这显然是一个特殊点，也就违反了宇宙学原理。实际上，空间和时间本身在大爆炸瞬间才产生，而在传统爆炸中，物质是在预先存在的空间爆炸飞出。如果我们选取现在宇宙中任意一点追溯它的历史，它都起始于大爆炸点，因此在这个意义上大爆炸无处不在。

然而从另一种意义上说，大爆炸的位置是不存在的、无处可寻的，因为空间本身正在不断演化和膨胀，自从大爆炸发生以来，它已经改变了。把宇宙想象成一个膨胀的球体，用二维类比宇宙真正的三维空间。在任何时刻“空间”是指球体表面，它随着时间的推移变得越来越大。“大爆炸”发生的地点是球体的中心，但这不再是球体的表面即我们居住的空间的一部分。特别的是，被限制在球体的表面意味着我们无法“指向”爆炸发生的地方。然而，当宇宙大爆炸发生时，我们当前空间中的所有点都曾经在球体的中心。

宇宙的曲率半径　一般来说，均匀各向同性宇宙由两个长度尺度来表征：如前面章节所述的哈勃尺度，即哈勃半径（或距离或长度）和曲率尺度。罗伯逊–沃尔克度规项 $a^2(t)\mathrm{d}r^2/(1-kr^2)$ 很明显地表明，当共动距离 $r\sim|k|^{-1/2}$ 时，空间曲率的影响变得非常重要。因此，我们可以定义宇宙的物理（或者曲率）半径，或者在 t 时刻的曲率尺度或曲率半径

$$r_{\text{curv}}(t)=\frac{a(t)}{\sqrt{|k|}} \tag{4.105}$$

其中常数 k 是空间曲率。如果 k 消失（$k = 0$），则宇宙是平坦的欧几里得几何且 $r_{\text{curv}} = \infty$；否则存在空间曲率和曲率尺度，在这种情况下，对于空间尺度 $r \ll r_{\text{curv}}$，任何曲率的几何都恢复到欧几里得空间几何。因此，如果 k 消失了，正如暴胀所预示的那样，曲率尺度是无限的，宇宙只剩下哈勃尺度 $d_H = c/H$。

通过弗里德曼方程 $\dfrac{\dot{a}^2}{a^2} + \dfrac{kc^2}{a^2} = \dfrac{8\pi G}{3}\rho + \dfrac{\Lambda}{3}$ 或者宇宙密度参量约束方程 $\Omega_M(z) + \Omega_R(z) + \Omega_\Lambda(z) + \Omega_k(z) = 1$，很容易得到

$$\Omega_T(t) - 1 = \frac{k}{a(t)^2}\left[\frac{c}{H(t)}\right]^2 \tag{4.106}$$

所以曲率半径可以采用另一种相同的形式

$$r_{\text{curv}}(t) = \frac{a(t)}{\sqrt{|k|}} = \frac{c/H(t)}{\sqrt{|\Omega_T(t) - 1|}} = \frac{d_H(t)}{\sqrt{|\Omega_T(t) - 1|}} \tag{4.107}$$

或者

$$\sqrt{|\Omega_T(t) - 1|} = \frac{d_H(t)}{r_{\text{curv}}(t)} \tag{4.108}$$

式中 $\Omega_T(t) = \Omega_M(t) + \Omega_R(t) + \Omega_\Lambda(t)$。当然上式在 $t = t_0$ 时刻也成立，并且 $\Omega_T = \Omega_M + \Omega_R + \Omega_\Lambda$。$d_H/r_{\text{curv}}$ 随 Ω_T 的详细变化情况如图 4.20 所示。当 $|\Omega_T - 1| \sim 1$ 或者 $|\Omega_T| \sim 0$ 时，哈勃尺度和曲率尺度具有可比性；当 $|\Omega_T - 1|$ 非常小时，$r_{\text{curv}} \gg d_H$。$k \to 0$，即宇宙在今天趋于平坦。因为在早期，$|\Omega_T - 1|$ 必须非常小，所以忽略早期宇宙的空间曲率是安全的。在一个开放宇宙中，$0 < \Omega_T < 1$，d_H 总是小于 r_{curv}；当 $\Omega_T \to 0$ 时接近它，这是典型的晚期曲率主导行为。在一个封闭宇宙中有 $\Omega_T > 1$，r_{curv} 只是三球的物理半径；当 $\Omega_T > 2$ 时 d_H 才能够超过 r_{curv}。在封闭宇宙的收缩阶段，上述公式需要稍作修改。

曲率 k 的取值 因为几何特性只有三个不同的可能性，所以许多人通过缩放变量来明确表明这一点，使得 k 仅取三个可能的值，即 $k = -1$，0 或 1，分别对应开放、平坦和封闭的宇宙。对于弗里德曼方程 $\left(\dfrac{\dot{a}}{a}\right)^2 = \dfrac{8\pi G}{3}\rho - \dfrac{kc^2}{a^2}$，在 k 为非零的情况下，可以通过除一个常数，即 $\hat{a} = a/\sqrt{|k|}$，重新缩放标度因子来实现。这样哈勃参量 $H = \dot{a}/a$ 不变，并从最后一项中移除了 k，令 $c = 1$，弗里德曼方程化为

$$\left(\frac{\dot{\hat{a}}}{\hat{a}}\right)^2 = \frac{8\pi G}{3}\rho \pm \frac{1}{\hat{a}^2} \tag{4.109}$$

式中用“$-$”表示正 k，“$+$”表示负 k，如果 $k = 0$，则最后一项不存在。

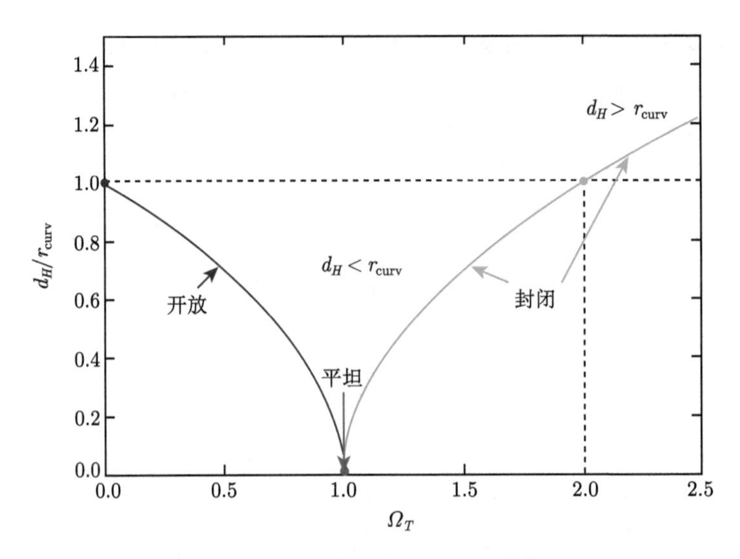

图 4.20　$d_H/r_{\rm curv}$ 随 Ω_T 的变化情况

如果应用这种变量缩放，那么除 $k=0$ 情况外就失去了在现在时刻设定 $\hat{a}=1$ 的自由度，如 4.3.4 节中的各种宇宙解情况。实际上，我们所做的是选用所谓的曲率尺度 $r_{\rm curv}(t)=\dfrac{a(t)}{\sqrt{|k|}}$ 来测量共动距离，其中必定包含了弯曲空间的效应，而不是以天文单位（如 Mpc）表示。因此共动距离是 $x=r/\hat{a}$ 而不是原来的 $x=r/a$。

习　题

4.17　如习题 4.17 图所示，考虑半径为 R 的二维球体的表面。在以北极为中心的球体表面上测得的 r 为半径的球体上画圆。

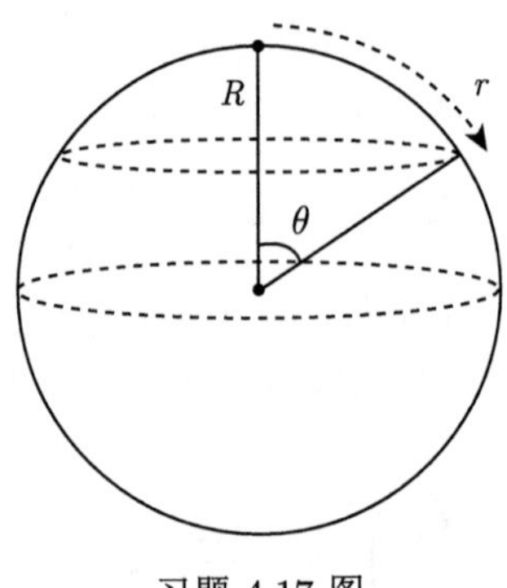

习题 4.17 图

（1）证明这类圆的周长 c 随 r 变化的通式是 $c=2\pi\dfrac{\sin\theta}{\theta}r=2\pi R\sin\dfrac{r}{R}$，其中 θ 是从球体

中心画到北极的直线和画到圆的直线之间的角度，并且 $r=\theta R$。

（2）证明对于小 θ（即 $r \ll R$），这给出正常的平面几何关系。当圆在赤道上时，结果如何？

（3）将上述二维球面视为真实宇宙的二维类比。假设星系均匀地分布在这样一个宇宙中，每单位面积的密度为 n。证明表面半径 r 内的星系总数 N 由下式给出：

$$N = 2\pi n R^2 \left[1-\cos\frac{r}{R}\right]$$

（4）在 $r \ll R$ 情况下展开上式，证明上述结果化为平坦空间的结果 $n\pi r^2$。

（5）如果宇宙是球形的而不是平面的，你在同一半径范围内能看到更多或更少的星系吗？

4.18 一个封闭的宇宙有可能进化成一个开放的宇宙吗？给出答案的理由。

4.3.6 观测宇宙及其视界

如 4.2.2 节所述，在任何时刻，宇宙的膨胀率都是由哈勃参量 $H=\dot{a}/a$ 给出，哈勃时间和哈勃半径（或距离或长度）也可以由哈勃参量 H 分别表示出来

$$t_H \equiv \frac{1}{H(t)} \tag{4.110}$$

$$d_H \equiv \frac{c}{H(t)} \tag{4.111}$$

这里哈勃距离也称为视界，因为它提供了一个当宇宙膨胀时光可以穿行的距离的估计。注意，这里的“光”表示以光速 c 行驶的理想信息载体。更具体地说，应该考虑更理想化的物理量：粒子视界，即自宇宙大爆炸开始（$a=0$ 或者 $z=+\infty$）以来光线穿行的距离；事件视界，即光线能够穿行到未来（$a=+\infty$ 或者 $z=-1$）所走的距离。在这三个视界中，哈勃距离是最重要的，这就是它被简单地称为“视界”的原因，但粒子视界更具有物理意义。

哈勃半径 在时刻 t 或者红移 z 处哈勃半径基于哈勃参量的定义可以进一步表示为

$$d_H(t) \equiv \frac{c}{H(t)} = c\left[\frac{a(t)}{\dot{a}(t)}\right] \tag{4.112}$$

它是物理哈勃半径，共动哈勃半径为

$$d_{CH} = d_H/a = 1/(a\times H) \tag{4.113}$$

哈勃半径是广义相对论效应开始变得重要的尺度，即当尺度 $L \sim d_H$ 或 $L > d_H$ 时广义相对论效应起作用，当 $L \ll d_H$ 时牛顿引力通常有效。

在宇宙膨胀的大部分时期，我们可以把宇宙标度因子近似为

$$a(t) = a_0 t^n \propto t^n \tag{4.114}$$

式中指数要适当，$n<1$，即在辐射主导时期 $n=1/2$，在物质主导时期 $n=2/3$。因此对于 $a(t)\propto t^n$，我们可以得到物理哈勃半径

$$d_H(t)=c\left[\frac{a(t)}{\dot{a}(t)}\right]\propto t \tag{4.115}$$

上述表明哈勃半径的增长速度快于物理（或者固有）尺度 $L\propto a(t)\propto t^n$，因为指数 $n<1$（如图 4.21 所示）。在进入视界前 $L>d_H$，穿越视界时 $L=d_H$，进入视界后 $L<d_H$。

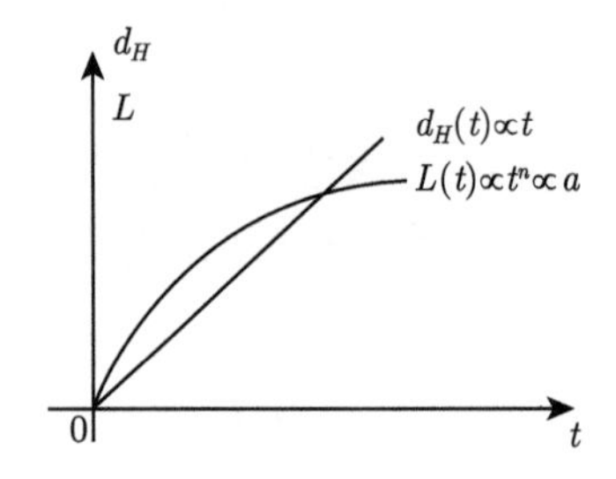

图 4.21　物理哈勃半径和物理（或者固有）尺度随时间的演化

考虑一个区域，它的物理（或者固有）尺度在 t_{eq} 时刻等于哈勃半径，即

$$L_{\mathrm{eq}}=a(t_{\mathrm{eq}})r=d_H(t_{\mathrm{eq}})=\frac{c}{H(t_{\mathrm{eq}})}\approx 0.85\times 10^{21}(\Omega_M h^2)^{-2} \tag{4.116}$$

其中 t_{eq} 是宇宙从辐射主导向物质主导时期转变的时刻。这个尺度区域会以 $a_0/a_{\mathrm{eq}}=1+z_{\mathrm{eq}}$ 比例从 t_{eq} 膨胀到今天，那么其尺度今天变为 L_{eq}

$$L_{\mathrm{eq}}=a(t_0)r=d_H(t_{\mathrm{eq}})(1+z_{\mathrm{eq}})=L_{\mathrm{eq}}(1+z_{\mathrm{eq}})\approx 11\mathrm{Mpc}(\Omega_M h^2)^{-2} \tag{4.117}$$

它远小于今天哈勃半径 $d_H(t_0)\approx 3000\mathrm{Mpc}\cdot\mathrm{h}^{-1}$。我们可以追溯今天不同尺度区域早期进入视界的过程（图 4.22）：

第一，对于今天固有尺度为 $L<d_H(t_0)$ 的区域，当回溯过去时，其固有大小会缩小，这是因为标度因子 $a(t)\propto t^n$ 且指数 $n<1$。因此宇宙的哈勃半径由于 $d_H(t)\propto t$ 而减小得更快。在过去的某时刻 $t=t_{\mathrm{enter}}(L)$，这个区域的固有大小将等于宇宙的哈勃半径，并且当 $t<t_{\mathrm{enter}}(L)$ 时它将大于哈勃半径。因此，今天较小的区域（$L<L_{\mathrm{eq}}$）将在辐射主导时期较早地进入哈勃半径，而较大的区域（$L>L_{\mathrm{eq}}$）将在物质主导阶段较晚地进入哈勃半径。

第二，对于 $L=d_H(t_0)$ 的区域，恰好在今天进入哈勃半径。

第三，对于 $L>d_H(t_0)$ 的区域，在遥远的未来进入哈勃半径。

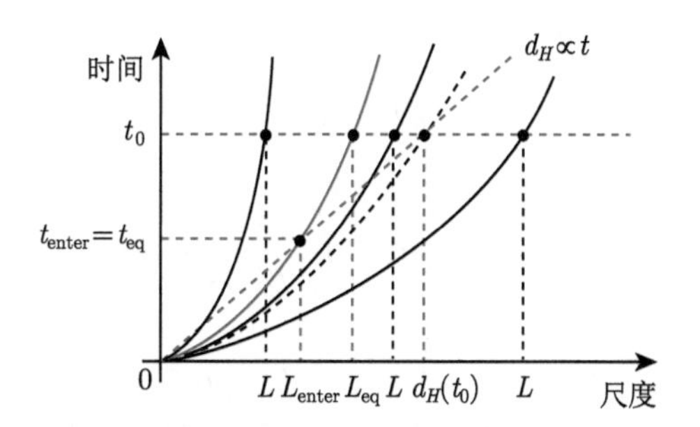

图 4.22　各种物理（或者固有）尺度的区域进入哈勃半径的过程示意图

给定标度因子 $a(t)$ 的形式和今天某个区域的固有尺度 L，我们可以通过下列等式来确定进入视界的时间 $t_{\text{enter}}(L)$

$$c\left[\frac{a(t)}{\dot{a}(t)}\right]_{t=t_{\text{enter}}} = L\left[\frac{a(t)}{a_0}\right]_{t=t_{\text{enter}}} \tag{4.118}$$

式中 $L = a(t_0)r$，$L_{\text{enter}} = a(t_{\text{enter}})r = d_H(t_{\text{enter}})$，并且假定区域 $L < d_H(t_0)$ 方程才有解。对于 $L = d_H(t_0)$ 和 $L > d_H(t_0)$ 的区域，方程没有非平庸解。

粒子视界　如同 4.2.1 节，选择宇宙局部共动坐标系，观察者位于 $r = 0$。考虑在坐标 r 和时间 t（或红移 z）发出的光子穿行到位于 $r = 0$ 和 t_0（或红移 $z = 0$）处观察者，满足零测地线

$$\int_0^r \frac{\mathrm{d}r}{\sqrt{1-kr^2}} = \int_t^{t_0} \frac{c\mathrm{d}t}{a(t)} \tag{4.119}$$

假定光子在“大爆炸”时刻发射，即 $t = 0$，$a = 0$，$r = r_H$ 和 $z = +\infty$，我们可以对上式 t 和 r 取极限 $t = 0$ 和 $r = r_H$，得到今天能观测到的最远物理距离

$$d_{PH}(t_0) = a(t_0)\int_0^{r_H} \frac{\mathrm{d}r}{\sqrt{1-kr^2}} = a(t_0)\int_0^{t_0} \frac{c\mathrm{d}t}{a(t)} \tag{4.120}$$

也即今天的粒子视界，它至关重要，因为它定义了今天可观测宇宙的大小。(4.120) 式可以被推广为任何宇宙时期 t（即 $t_0 \to t$，同时 $r = 0 \to r$）对应于红移 z 处的表达式

$$\begin{aligned} d_{PH}(t) &= a(t)\int_r^{r_H} \frac{\mathrm{d}r}{\sqrt{1-kr^2}} = a(t)\int_0^t \frac{c\mathrm{d}t}{a(t)} = a\int_0^a \frac{c\mathrm{d}a}{a\dot{a}} \\ &= \frac{ca(z)}{a(t_0)H_0}\int_z^\infty \frac{\mathrm{d}z}{E(z)} = \frac{c/H_0}{1+z}\int_z^\infty \frac{\mathrm{d}z}{E(z)} \end{aligned} \tag{4.121}$$

上式依赖于宇宙学模型。

在物质主导宇宙，$a(t) \propto t^{2/3}$，粒子视界为

$$d_{PH}(t) = a(t)\int_0^t \frac{c\mathrm{d}t}{a(t)} \sim 3ct \tag{4.122}$$

其中因子是 3。在辐射主导宇宙，$a(t) \propto t^{1/2}$，粒子视界 $d_{PH} \sim 2ct$，其中因子 2 揭示了辐射主导和物质主导宇宙的早期动力学之间的差异，其本质与物质主导的因子 3 一样。

在上述两种情况下的结果有两个显著的特征。

第一，因为标度因子 $a(t) \propto t^n$，指数 $n < 1$，所以当宇宙时间 $t \to 0$ 时 $a(t) \to 0$ 的速度比 t 慢（如图 4.21 所示），这使得 d_{PH} 在任何给定时刻都是有限的，即 $d_{PH} \sim ct$，即使在 $t \to 0$ 处有 $1/a(t) \to \infty$，它仍然可以被积分。这样我们过去的光锥 $\displaystyle\int_t^{t_0} \frac{c\mathrm{d}t}{a(t)}$ 受到粒子视界的限制。由于没有什么东西能比光传播得更快，这意味着原则上我们也只能看到宇宙的一部分，即所谓的可观测宇宙。但是，如果标度因子在非常早期有不同的演化形式，这可能导致非常不同的结果（例如第 5 章暴胀宇宙学）。避免这种不确定性的一种方法是将可观测宇宙定义改为可通过电磁辐射探测的区域，注意到宇宙在形成宇宙微波背景之前是不透明的。以此为初始时间给出了一个有限的结果，它独立于宇宙（未知）的非常早期的历史。

第二，光穿行的距离实际上比光速乘以宇宙的年龄稍大，即 $d_{PH} > ct$。这是因为光线穿过宇宙时宇宙也在膨胀；早期的时候宇宙更小，光线更容易穿越宇宙。$d_{PH} > ct$ 也意味着基本的观察者在早期更接近，因此在比 ct 更大的距离上可以存在因果联系，或者当光第一次发出的时候宇宙在物理上更小。

我们还可以定义光可以穿行的总的共动距离

$$\eta \equiv \int_0^t \frac{c\mathrm{d}t}{a(t)} = \int_0^a \frac{c\mathrm{d}a}{a^2 H} = \frac{c}{a(t_0)H_0}\int_z^\infty \frac{\mathrm{d}z}{E(z)} \tag{4.123}$$

那些彼此之间的共动距离远大于 η 的区域不存在因果关系，因此 η 被视为共动视界，它依赖于宇宙学模型的红移变化，如图 4.23 所示。设 $c = 1$ 和 $a(t_0) = 1$, 上式化为

$$\eta \equiv \int_0^t \frac{\mathrm{d}t}{a(t)} = \frac{1}{H_0}\int_z^\infty \frac{\mathrm{d}z}{E(z)} \tag{4.124}$$

它以时间为量纲，随时间 t 单调递增，称为共形时间。正如时间 t，温度 T，红移

z 和标度因子 a，共形时间 η 也可以用来表征宇宙的演化（如图 4.3 所示）。实际上，在大多数情况下，η 是最方便的时间变量。

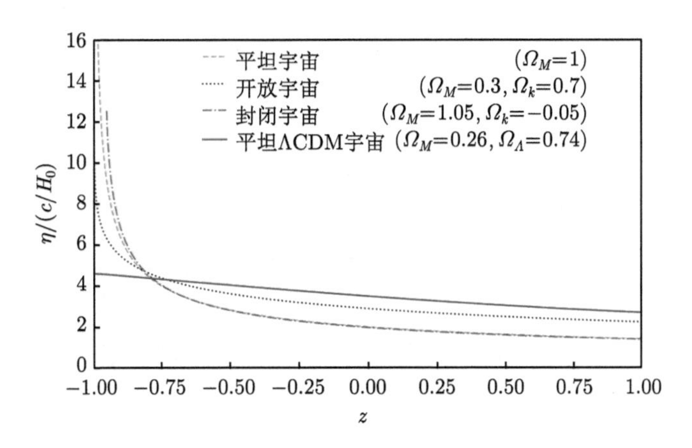

图 4.23 各种宇宙模型下不同红移 z 处的共动视界

事件视界 宇宙还存在另一种视界，称为事件视界，它是黑洞研究中最有用的概念，但在宇宙学中通常不太常用。事件视界是一个粒子在一个特定的宇宙时刻开始所能穿行的最大距离，如果它可以被观测到，不管观察者等待的时间有多长。让我们考虑在 t 时刻发射的光在 t_f 时刻被观测到，因此，它穿行的共动径向距离是 $\int_t^{t_f} \frac{\mathrm{c}\mathrm{d}t'}{a(t')}$。问题是在平坦的或开放的模型中，当 $t_f \to \infty$ 时这个积分是否收敛，或者在封闭模型中，$t_f = \infty \to t_{\max}$（即大挤压的时间）时是否收敛？因此，在任何宇宙时间 t 时刻的事件视界的数学定义是

$$d_{EH}(t) = a(t) \int_t^{t_f} \frac{\mathrm{c}\mathrm{d}t'}{a(t')} \tag{4.125}$$

式中对于平坦或开放模型，积分上限为 $t_f = \infty$，对于封闭模型，$t_f = t_{\max}$。对于状态方程 $-1/3 < \omega < 1$ 的弗里德曼模型不存在事件视界，但是德西特模型存在事件视界，如图 4.24 所示。在这个德西特模型中，标度因子 $a(t) \propto \exp(Ht)$，在大爆炸时刻 $t = 0$ 和任意 t 时刻测量的事件视界的固有半径为

$$d_{EH}(t) = a(t) \int_t^{\infty} \frac{\mathrm{c}\mathrm{d}t'}{a(t')} = c/H \tag{4.126}$$

式中 $H = \sqrt{\Lambda/3} = \sqrt{8\pi G\rho_\Lambda/3} = \mathrm{const}$。德西特模型中的指数膨胀实际上使空间中的遥远区域比光运动得更快，因此，被大于 c/H 的长度分隔的点永远不能相互通信。

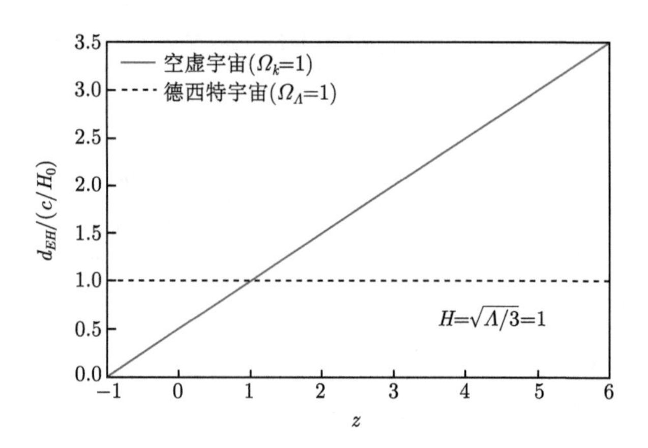

图 4.24　各种宇宙模型下不同红移 z 处的事件视界

习　题

4.19　推导共形时间 η 作为标度因子 a 的函数的简单表达式。

（1）证明在物质主导宇宙 $\eta \propto a^{1/2}$，在辐射主导宇宙 $\eta \propto a$。

（2）考虑一个只有物质和辐射的宇宙，两者密度在标度因子 $a = a_{\rm eq}$ 时相等。

证明 $\eta = \dfrac{2}{H_0\sqrt{\Omega_M}}(\sqrt{a + a_{\rm eq}} - \sqrt{a_{\rm eq}})$。当今时刻和退耦时刻的共形时间分别是多少？

4.20　对于平坦或开放模型，积分上限为 $t_f = \infty$，如果以红移 z 为积分变量，推导在任何宇宙红移 z 处的事件视界的表达式，并且画图展示各种宇宙模型下不同红移 z 处的事件视界的大小。

4.3.7　暗能量

1998 年对 Ia 型超新星的观测表明，暗能量是导致宇宙今天加速膨胀的原因。实际上，宇宙学家也一直在发展同样能够导致宇宙加速膨胀的其他物理机制，试图代替暗能量，因为其排斥力一直都是一个可以用物理描述但是无法认知的机制。

1. 暗能量候选者

暗能量具有以下定义性质：

（1）它不发光；

（2）它具有大的负压（$p \sim -\rho c^2$）；

（3）它是近似均匀分布的，更准确而言，在至少和星系团一样大的尺度上，它不能显著地聚集在一起。

由于其压强的大小与其能量密度相当，因此它更像是“类能量”，而不是特征为 $p \ll -\rho c^2$ 的“类物质”。暗能量在性质上与暗物质大不相同。暗能量的热门候选者包括：宇宙学常数（或真空能量）、静质（quiescence）、精质（quintessence）和幽灵（phantom）。

（1）**宇宙学常数（真空能量）**是暗能量最简单的模型，其能量密度随时间保持恒定

$$\rho_\Lambda \equiv \Lambda/(8\pi G) \equiv \rho_{c0}\Omega_\Lambda = 6.44 \times 10^{-30}\left(\frac{\Omega_\Lambda}{0.7}\right)\left(\frac{h}{0.7}\right)^2 (\mathrm{g}\cdot\mathrm{cm}^{-3}) \tag{4.127}$$

它的状态方程 $\omega_\Lambda = -1$（$p = \omega\rho c^2$）。由冷暗物质和真空能组成的宇宙通常被称为 ΛCDM 宇宙，该模型的膨胀率为式（4.64）

$$\begin{aligned} H/H_0 = E(z) &= \sqrt{\Omega_M(1+z)^3 + \Omega_\Lambda + \Omega_k(1+z)^2} \\ &= \sqrt{\Omega_M(1+z)^3 + \Omega_\Lambda + (1-\Omega_M-\Omega_\Lambda)(1+z)^2} \end{aligned}$$

宇宙学常数可能只是一种暂时现象，将来可能会消失。可能替代者称为静质和精质，它们的状态方程还是常数，但是不等于 -1 或者不再是完全恒定，而是缓慢变化。

（2）**静质**是暗能量的第二种形式，其状态方程与时间无关，即 ω 等于常数但是不等于 -1，即 $-1 < \omega < 0$。静质最重要的例子是未知的组成部分，它是一个由非相互作用的拓扑缺陷如畴壁、宇宙弦或纹理组成的受挫网络。拓扑缺陷网络的状态方程是 $\omega = -n/3$，其中 n 是缺陷的维度，$n = 1$（$\omega = -1/3$）和 $n = 2$（$\omega = -2/3$）分别对应于宇宙弦（或纹理）和畴壁。

（3）**精质**是一种依赖于时间的暗能量候选者，是一个与引力最小耦合的自相互作用标量场，是一个时间演化的、空间上均匀的负压力能量成分。这样的标量场沿着势缓慢地向下滚动，其密度、压强和状态方程分别为

$$\rho_\phi = \dot{\phi}^2 + V(\phi)，\ p_\phi = \dot{\phi}^2 - V(\phi)，\ \omega_\phi = \frac{p_\phi}{\rho_\phi} = \frac{\dot{\phi}^2 - V(\phi)}{\dot{\phi}^2 + V(\phi)} \geqslant -1 \tag{4.128}$$

标量场演化由运动方程主导

$$\ddot{\phi} + 3H\dot{\phi} + \frac{\mathrm{d}V}{\mathrm{d}\phi} = 0 \tag{4.129}$$

其中 $H^2 = \dfrac{8\pi G}{3}[\rho_{M0}(1+z)^3 + \dot{\phi}^2 + V(\phi)]$。给定标量场的势 $V(\phi)$，我们可以得到 $\phi(t)$，$\rho_\phi(t)$，$p_\phi(t)$ 和 $\omega(t)$ 的表达式。对于精质模型来说，状态方程通常是时间或红移的函数 $\omega(z)$，其值不同于 -1，但是 $-1 < \omega(z) < 1$。

（4）**幽灵**的状态方程为 $\omega(z) < -1$。注意，在许多文献中，包括本书，所有这些暗能量的候选者都被一些宇宙学家称为精质模型，宇宙学常数和静质都是精质模型的特例。

如上所述，宇宙学常数（或真空能量）、静质、精质和幽灵暗能量模型的本质区别在于状态方程不同，变化范围如图 4.25 所示。

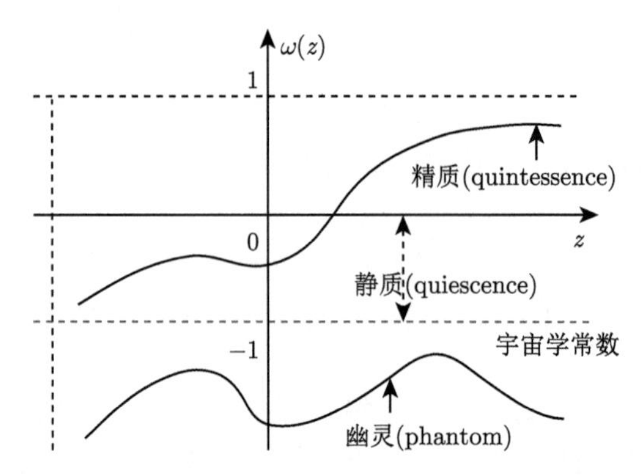

图 4.25　各种暗能量模型的状态方程 $\omega(z)$ 的变化范围示意图

不同的状态方程导致了它们的密度演化 $\rho \propto a^{-3(1+\omega)}$ 也不同，详细如下：
宇宙学常数：$\omega = -1$，指数 $-3(1+\omega) = C$；
静质：$-1 < \omega < 0$，指数 $0 > -3(1+\omega) > -3$；
精质：$-1 < \omega < 1$，指数 $0 > -3(1+\omega) > -6$；
幽灵：$\omega < -1$，指数 $-3(1+\omega) > 0$。
它们各自的密度演化如图 4.26 所示。

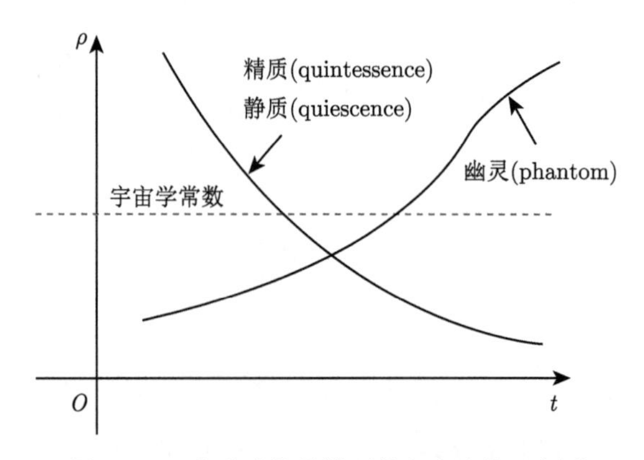

图 4.26　各种暗能量模型的密度演化示意图

2. 暗能量状态方程

在大多数情况下，暗能量可以被认为是一个光滑的成分，其特征是状态方程

$$\omega_x(z) \equiv \frac{p_x(z)}{\rho_x(z)} \tag{4.130}$$

它是随时间 t 或者 z 变化。把它代入流体方程 $\frac{\mathrm{d}(\rho a^3)}{\mathrm{d}a} = -3a^2 p$，能量守恒方程转化为

$$\frac{\mathrm{d}(\rho_x a^3)}{\rho_x a^3} = -\frac{3\omega_x \mathrm{d}a}{a} = \frac{3\omega_x(z)}{1+z}\mathrm{d}z \tag{4.131}$$

式中用到 $\frac{\mathrm{d}a}{a} = -\frac{\mathrm{d}z}{1+z}$，它可以由 $\frac{a_0}{a} = 1+z$ 得到。积分上式进一步得到

$$\frac{\rho_x(z)}{\rho_{x0}} = \exp\left[\int_0^z 3(1+\omega_x(z))\mathrm{d}\ln(1+z)\right] \tag{4.132}$$

如果 $\omega_x(z) = \omega$（常数，即不随时间变化），$\rho_x(z)$ 化为静质情况

$$\frac{\rho_x(z)}{\rho_{x0}} = (1+z)^{3(1+\omega)} = \left(\frac{a_0}{a}\right)^{3(1+\omega)} \propto a^{-3(1+\omega)} \tag{4.133}$$

它等于 4.3.3 节方程（4.59），对于 $\omega = -1$（宇宙学常数），$\rho_\Lambda = C$。利用方程（4.132），重写弗里德曼方程 $\frac{\dot{a}^2}{a^2} = \frac{8\pi G}{3}(\rho_M + \rho_R + \rho_x) - \frac{kc^2}{a^2}$ 为膨胀率

$$\begin{aligned} E^2(z) &= \frac{H^2(z)}{H_0^2} \\ &= \Omega_M(1+z)^3 + \Omega_R(1+z)^4 \\ &\quad + \Omega_x \exp\left[3\int_0^z (1+\omega_x(z))\mathrm{d}\ln(1+z)\right] + \Omega_k(1+z)^2 \end{aligned}$$

或者

$$E(z) = \sqrt{\Omega_M(1+z)^3 + \Omega_R(1+z)^4 + \Omega_x \exp\left[3\int_0^z (1+\Omega_x(z))\mathrm{d}\ln(1+z)\right] + \Omega_k(1+z)^2} \tag{4.134}$$

当 $\omega_x(z) = C$（常数）时，$E(z)$ 化为静质情况

$$E(z)=\sqrt{\Omega_M(1+z)^3+\Omega_R(1+z)^4+\Omega_\Lambda(1+z)^{3(1+\omega)}+\Omega_k(1+z)^2}$$

当 $\omega=-1$ 时，$E(z)$ 化为宇宙学常数情况

$$E(z)=\sqrt{\Omega_M(1+z)^3+\Omega_R(1+z)^4+\Omega_\Lambda+\Omega_k(1+z)^2}$$

3. 状态方程的确定

一旦知道了状态方程 $\omega_x(z)$，最终可以确定暗能量的性质。事实证明，对 Ia 型超新星（SNe Ia）的观测是其确定的最有力的探针之一。为了方便起见，只考虑平坦的宇宙（$k=0$），因此共动径向距离为 $r(z)=\dfrac{c}{a_0H_0}\displaystyle\int_0^z\dfrac{\mathrm{d}z}{E(z)}$，其中 $E(z)$ 是式（4.134）忽略辐射，即 $\Omega_R=0$ 且 $\Omega_k=0$。共动径向距离 $r(z)$ 对 z 的一阶和二阶导数分别为

$$\frac{\mathrm{d}r}{\mathrm{d}z}=\frac{c}{a_0H(z)} \tag{4.135}$$

它进一步化为

$$\Omega_x\exp\left[3\int_0^z(1+\omega_x(z))\mathrm{d}\ln(1+z)\right]=\frac{\left(\dfrac{c}{a_0H_0}\right)^2}{\left(\dfrac{\mathrm{d}r}{\mathrm{d}z}\right)^2}-\Omega_M(1+z)^3 \tag{4.136}$$

和

$$\begin{aligned}\frac{\mathrm{d}^2r}{\mathrm{d}z^2}=&-\frac{cH_0^2}{2a_0H^3(z)}\left[3\Omega_M(1+z)^2\right.\\&\left.+\Omega_x\exp\left[3\int_0^z(1+\omega_x(z))\mathrm{d}\ln(1+z)\right]\cdot\frac{3(1+\omega_x(z))}{1+z}\right]\end{aligned} \tag{4.137}$$

上面两式消掉 Ω_x，求出 $\omega_x(z)$ 满足

$$1+\omega_x(z)=\frac{1+z}{3}\cdot\frac{3\Omega_M(1+z)^2+\dfrac{2c^2}{H_0^2}\cdot\dfrac{\dfrac{\mathrm{d}^2\bar{r}}{\mathrm{d}z^2}}{\left(\dfrac{\mathrm{d}\bar{r}}{\mathrm{d}z}\right)^3}}{\Omega_M(1+z)^3-\dfrac{c^2}{H_0^2\left(\dfrac{\mathrm{d}\bar{r}}{\mathrm{d}z}\right)^2}} \tag{4.138}$$

式中 $\bar{r}(z)=\dfrac{d_L(z)}{1+z}=\dfrac{a_0r(z)(1+z)}{1+z}$，$d_L$ 是天体的光度距离。

超新星观测可以绘制出光度距离 d_L 随红移 z 的变化曲线，而且 d_L 的观测数据可以用 z 的多项式拟合。上式表明，给定 Ω_M，SNe Ia 测量可单独用于确定 Ω_x 及其时间变化。对 Ia 型超新星的观测是确定 $\omega_x(z)$ 最有力的探针之一，原因有两个：首先，暗能量只是最近才开始占主导地位；其次，它至少不会显著地聚集成团，所以它的存在只能通过它对宇宙大尺度动力学的影响来探测。SNe Ia 具有绘制宇宙标度因子最近演化史的潜力，因此它可以揭示暗能量的本质。实际上，近 10 年来，在宇宙学参量限制上日益得到广泛应用的另一重要观测量，哈勃参量 $H(z)$，在确定 $\omega_x(z)$ 上比 SNe Ia 测量更具有潜力。哈勃参量表征了宇宙在任意时刻 t（或红移 z 处）的膨胀率，它是所有宇宙学观测量中唯一能够直接度量宇宙膨胀历史的物理量。超新星观测确定 $\omega_x(z)$ 需要光度距离 d_L 的一阶和二阶导数，而哈勃参量则只需观测数据 $H(z)$ 的一阶导数

$$w_x(z) = \frac{3}{2}\left(\frac{\frac{2}{3}H'(z) + H^2(z)}{H^2(z) - H_0^2\Omega_M(1+z)^3}\right) \tag{4.139}$$

4. 减速因子

正如前面章节所述，宇宙不仅在膨胀即 $a(t)$，而且由哈勃参量 $H(t)$ 给出的膨胀率也在随时间变化。减速因子正是一种量化宇宙膨胀率的方法。考虑宇宙标度因子在现在时刻的泰勒展开，其一般形式（点表示时间导数）为

$$a(t) = a(t_0) + \dot{a}(t_0)[t-t_0] + \frac{1}{2}\ddot{a}(t_0)[t-t_0]^2 + \cdots \tag{4.140}$$

上式两边同时除以 $a(t_0)$，那么式中 $[t-t_0]$ 项的系数正是今天时刻的哈勃参量 H_0

$$\frac{a(t)}{a(t_0)} = 1 + H_0[t-t_0] - \frac{q_0}{2}H_0^2[t-t_0]^2 + \cdots \tag{4.141}$$

其中减速因子 q_0 定义为

$$q_0 = -\frac{\ddot{a}(t_0)}{a(t_0)}\frac{1}{H_0^2} = -\frac{a(t_0)\ddot{a}(t_0)}{\dot{a}^2(t_0)} \tag{4.142}$$

上式意味着，宇宙标度因子 $a(t_0)$ 的加速增长意味着 $\ddot{a}(t_0) > 0$，对应于 $q_0 < 0$，而 $a(t_0)$ 的减速增长意味着 $\ddot{a}(t_0) < 0$，对应于 $q_0 > 0$。q_0 越大，减速越快。考虑宇宙是物质主导的，指任何无压物质（$p = 0$），它可以是基本粒子的集合，也可以是星系的集合。加速度方程 $\dfrac{\ddot{a}}{a} = -\dfrac{4\pi G}{3}\left(\rho + \dfrac{3p}{c^2}\right)$ 和临界密度 $\rho_c(t) = \dfrac{3H^2}{8\pi G}$ 在 t_0 时刻取值，令压强 $p = 0$，且物质密度参量 $\Omega_M \equiv \dfrac{\rho_{M0}}{\rho_{c0}}$，减速因子化为

$$q_0 = \frac{4\pi G}{3}\rho_{M0}\frac{3}{8\pi G\rho_{c0}} = \frac{\Omega_M}{2} \tag{4.143}$$

因此，在这种情况下，只要测量出减速因子 q_0，立即得到物质密度参量 Ω_M。

正如 4.3.3 节所说，大爆炸宇宙论似乎在考验着人类，它并没有给出我们当前宇宙的唯一描述，而是留下了诸如宇宙今天的膨胀率 H_0 即哈勃常数或其组成 Ω_M 等宇宙学参量，称为宇宙密码，留给观测来确定。标准的做法是通过几个参量来限定宇宙学模型，这样人们可以尝试通过观测决定哪种模型能够最好地描述我们的宇宙。如果我们知道宇宙中物质的属性 Ω_M，那么 q_0 不独立于我们讨论过的前两个参数，H_0 和 Ω_M（因为 $q_0 = \Omega_M/2$）。这两个参数足以描述宇宙所有的可能性。但是，我们并不知道宇宙中物质的一切属性，所以 q_0 可以提供探索宇宙的一个新途径。它原则上可以通过对遥远距离的天体（比如遥远星系的数量）的直接观测得到，因为减速膨胀主导着早期宇宙的行为。

20 世纪 90 年代末，第一个令人信服的 q_0 测量由两个研究小组（“超新星宇宙学计划”和“高红移超新星搜寻小组”）通过观测遥远的 Ia 型超新星得到，Ia 型超新星被认为是很好的标准烛光。当时令人惊讶的是，目前宇宙正在加速膨胀，$q_0 < 0$。当时讨论的所有宇宙学模型都不能满足该条件，这从加速度方程可以直接看出。这个结果逐渐得到宇宙学家的认可，它是现代宇宙学中最引人注目的观测结果。2011 年诺贝尔物理学奖一半奖金颁给了劳伦斯伯克利国家实验室和加州大学伯克利分校“超新星宇宙学计划”（1999；SCP）的首席科学家索尔 • 帕尔马特；另一半奖金给了澳大利亚国立大学“高红移超新星搜寻小组”（1998；HZT）的布莱恩 • 施密特与约翰霍普金斯大学和太空望远镜科学研究所“高红移超新星搜寻小组”的亚当 • G. 里斯，表彰他们通过观测遥远的超新星发现宇宙加速膨胀。WMAP 和 Planck 卫星的观测与上述超新星观测的结果既相似又互补。

5. *减速参量*

推广的任意时刻 t 或红移 z 的减速参量可定义为

$$q(z) \equiv \left(-\frac{\ddot{a}}{a}\right)/H^2(z) = -\frac{\ddot{a}a}{\dot{a}^2} = \frac{\mathrm{d}H^{-1}(z)}{\mathrm{d}t} - 1 \tag{4.144}$$

与减速因子的定义一样，宇宙标度因子 $a(t)$ 的加速增长意味着 $\ddot{a}(t) > 0$，对应于 $q(z) < 0$，而 $a(t)$ 的减速增长意味着 $\ddot{a}(t) < 0$，对应于 $q(z) > 0$。基于哈勃参量的定义，

$$\frac{\mathrm{d}a}{a} = H(z)\cdot\mathrm{d}t = -\frac{\mathrm{d}z}{1+z} \tag{4.145}$$

进一步化为

$$\frac{\mathrm{d}z}{\mathrm{d}t} = -H(z)(1+z) \tag{4.146}$$

将上式代入（4.144）式中得到减速参量 q 与红移 z 的关系式

$$
\begin{aligned}
q(z) &= -\frac{1}{H^2(z)}\frac{\mathrm{d}H(z)}{\mathrm{d}z}\frac{\mathrm{d}z}{\mathrm{d}t} - 1 = \frac{1}{E(z)}\frac{\mathrm{d}E(z)}{\mathrm{d}z}(1+z) - 1 \\
&= \frac{1}{2E^2(z)}\frac{\mathrm{d}E^2(z)}{\mathrm{d}z}(1+z) - 1
\end{aligned} \tag{4.147}
$$

式中 $E(z)$ 由（4.134）式给出。当 $1+z \ll 10^3$ 时，辐射项 $\Omega_R \sim 10^{-5}$ 可以忽略不计。在这种情况下，$\Omega_M + \Omega_x + \Omega_k = 1$，$q(z)$ 化为

$$
q(z) = \frac{1}{2} + \frac{3}{2}\omega_x(z)\Omega_x(z) - \frac{1}{2}\Omega_k(z) \tag{4.148}
$$

其中

$$
\Omega_x(z) = \frac{\Omega_x \exp[3\int_0^z (1+\omega_x(z))\mathrm{d}\ln(1+z)]}{E^2(z)} \tag{4.149}
$$

$\Omega_k(z)$ 由把（4.134）式代入（4.66）式给出。

对于空间平坦的宇宙，$k=0$，$\Omega_M + \Omega_x = 1$，状态方程化为 $\omega_x(z) =$ 常数，$q(z)$ 表达式变成

$$
q(z) = \frac{1}{2} + \frac{3}{2}\omega_x\frac{\Omega_x(1+z)^{3(1+\omega_x)}}{E^2(z)} = \frac{1}{2}\left[\frac{1+(\Omega_x/\Omega_M)(1+3\omega_x)(1+z)^{3\omega_x}}{1+(\Omega_x/\Omega_M)(1+z)^{3\omega_x}}\right] \tag{4.150}
$$

它在各种宇宙学模型下的红移演化如图 4.27 所示。

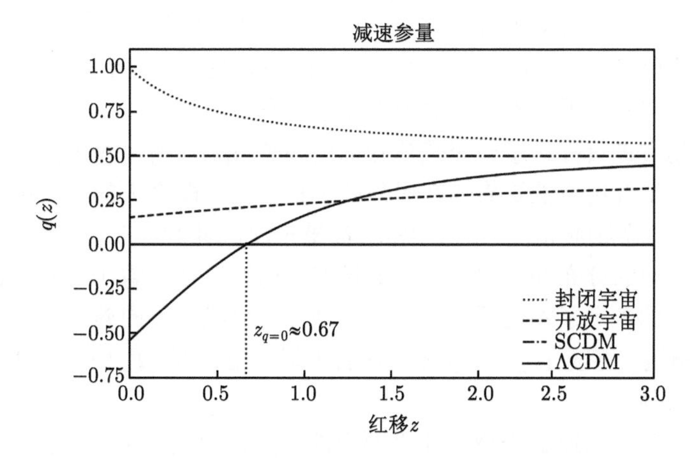

图 4.27 各种宇宙学模型下 q 随红移 z 的演化

减速因子 q_0 就是 $q(z)$ 在 $z=0$ 时的取值，即

$$q_0 \equiv q(z=0) = \frac{1}{2}\left[\frac{1+(\Omega_x/\Omega_M)(1+3\omega_x)}{1+\Omega_x/\Omega_M}\right] \tag{4.151}$$

对于宇宙学常数情况，$\omega_x(z)=\omega_\Lambda=-1$，

$$q_0 = \frac{1}{2}\left[\frac{\Omega_M-2\Omega_\Lambda}{\Omega_M+\Omega_\Lambda}\right] \tag{4.152}$$

对于爱因斯坦–德西特宇宙（$\Omega_M=1$，$\Omega_\Lambda=\Omega_k=0$），它等于 1/2；对于德西特宇宙（$\Omega_\Lambda=1$，$\Omega_M=\Omega_k=0$），它等于 -1；对于当今流行的 ΛCDM 宇宙（$\Omega_M=0.3$，$\Omega_\Lambda=0.7$，$\Omega_k=0$），它等于 -0.55。因此，如果 ΛCDM 宇宙是正确的，我们的宇宙现正在加速膨胀。从减速参量（4.150）式，可以得到宇宙从减速 $q(z)>0$ 过渡到加速 $q(z)<0$ 时的红移

$$z_{q=0} = [(1+3\omega_x)(\Omega_M-1)/\Omega_M]^{-\frac{1}{3\omega_x}} - 1 \tag{4.153}$$

对于 ΛCDM 宇宙, 给出 $z_{q=0}=[2\Omega_\Lambda/\Omega_M]^{1/3}-1\approx 0.671$，从图 4.28 中也能看出。

物质密度–宇宙学常数参量平面 宇宙学常数 Λ 是暗能量的典型代表，它的引入迫使宇宙学家重新思考宇宙学的一些深刻含义，因为它极大地增加了宇宙可能的行为范围。例如，封闭宇宙（$k>0$）不再是必须往回坍缩的，开放宇宙也不再是永远膨胀的，等等。事实上，如果宇宙学常数足够强大，甚至不需要存在大爆炸，宇宙而是开始于坍缩阶段，然后在宇宙学常数的影响下在有限大小时反弹（尽管这种模型已被观测排除了）。宇宙也可能长时间处在一个几乎保持静态的“游弋”阶段（即在某时刻 $H(z)$ 的一阶时间导数 $\dot{H}(t)$ 等于零），通过设置参数，使得宇宙非常接近于不稳定的爱因斯坦静态宇宙。

由于哈勃参量只提供了一个整体的标度因子 $a(t)$，所以对可能的宇宙模型进行参数化的一个有用方法是聚焦在另外两个参量上，即今天的物质密度和宇宙学常数。两者构成了物质密度–宇宙学常数参量平面，即 Ω_M-Ω_Λ 平面，它可以清楚地展示宇宙模型的分布和变化。不同的模型可以通过在 Ω_M-Ω_Λ 平面的位置识别（图 4.28），平面表示了不同区域的主要特性，分界线把不同属性的模型分开。

（1）特别地，直线 $\Omega_M+\Omega_\Lambda=1$ 代表平坦宇宙，将平面划分为开放宇宙和封闭宇宙两个部分。

（2）为了确认加速膨胀模型在平面中的位置，我们需要减速因子 q_0 的表达式。具有宇宙学常数的无压宇宙，q_0 为

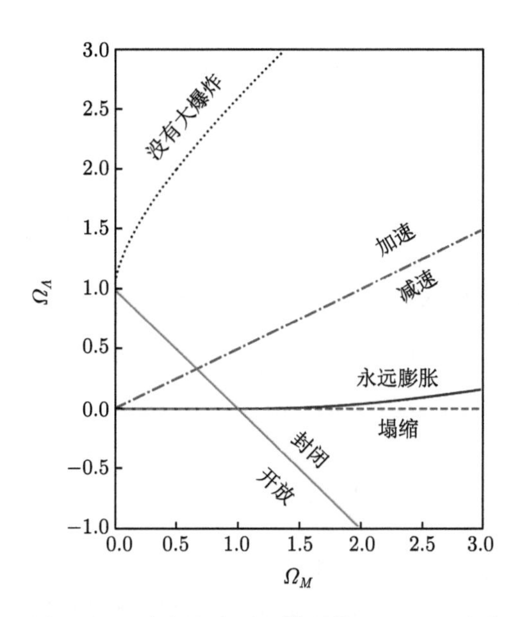

图 4.28 表征宇宙不同模型的 Ω_M-Ω_Λ 平面

$$q_0 = \frac{\Omega_M}{2} - \Omega_\Lambda \tag{4.154}$$

证明见习题 4.23。它表明，在 $\Omega_\Lambda > \Omega_M/2$ 的区域，宇宙加速膨胀。如果我们另外假设几何是平坦的，这个关系进一步简化为 $q_0 = 3\Omega_M/2 - 1$，如果 $\Omega_\Lambda > 1/3$，宇宙加速膨胀。

（3）另外两个主要属性是是否有大爆炸，以及宇宙最终会不会往回坍缩。关于这些属性曲线存在解析表达式，如图 4.28 所示，但它们太复杂，无法在此给出。对于 $\Omega_M \leqslant 1$，是否会坍缩仅取决于 Λ 的符号，但对于 $\Omega_M > 1$，物质的引力能够克服一小的正宇宙学常数而导致坍缩。

虽然大多数宇宙学家宁愿宇宙学常数等于零，但是宇宙本身似乎有其他的想法，对遥远的 Ia 型超新星进行的观测强烈支持目前的宇宙是加速膨胀的。从 Ω_M-Ω_Λ 平面可知，加速膨胀的观测要求包含宇宙学常数（详细见 4.4 节）。它现在被认为是解释观测数据的宇宙学模型的重要组成部分。

习 题

4.21 利用加速度方程和临界密度在 t_0 时刻的取值，证明辐射主导的宇宙的减速因子 $q_0 = \Omega_M$。

4.22 如果加速因子 q_0 为负，确定状态方程必须满足的充要条件。

4.23 证明具有宇宙学常数的无压宇宙，其减速因子为 $q_0 = \frac{\Omega_M}{2} - \Omega_\Lambda$。

4.24 描述我们自己宇宙的最有可能的几何是一个平坦宇宙，物质密度参量为 $\Omega_M = 0.3$，宇宙学常数 $\Omega_\Lambda = 0.7$。

（1）当宇宙膨胀到现在的五倍时，Ω_M 和 Ω_Λ 的值是多少？

（2）基于这个结果的近似值，求解弗里德曼方程的未来时期的解。

（3）求解未来时期的 q_0 之值。

4.25 证明在空间平坦、物质主导的宇宙学中，物质密度参量随红移的演化为 $\Omega_M(z) = \Omega_M \frac{(1+z)^3}{1-\Omega_M+(1+z)^3\Omega_M}$。式中如果今天的宇宙密度参量 $\Omega_M = 0.3$，宇宙在红移为多少时开始加速？

4.4 经典宇宙学

经典的宇宙学检验也称为运动学检验。经典宇宙学检验的目的是得到对整体宇宙学参量的度量，例如物质密度参数 Ω_M、暗能量密度参数 Ω_Λ 和宇宙模型的空间曲率 Ω_k 等。一旦足够了解宇宙学参量，我们就能预言宇宙的命运。经典的宇宙学检验包含了对遥远的天体某些特定特征的观测。观测检验包括角直径距离（或角大小）–红移关系、光度距离（或视星等）–红移关系（哈勃图）、宇宙年龄（或回看时间）–红移关系、共动体积–红移图和星系计数–红移关系，以及宇宙结构成团成分中密度涨落的增长，它们可以进一步演化成星系或星系团。经典宇宙学检验研究的遥远天体包含两类：第一类是星系、类星体和超新星等离散的天体；第二类是弥散的辐射背景，比如宇宙微波背景辐射等。

4.4.1 宇宙学中的距离测量

宇宙学中大多数的量是不能直接观测的，比如共动坐标距离 r、宇宙时间 t 和标度因子 $a(t)$，关于遥远天体的所有信息，我们所知道的就是它的红移。因此，观测者严重依赖用红移表示距离的公式。在宇宙学中，可测量的量是遥远天体的红移 z、角直径距离 d_A 和光度距离 d_L。因此，有两种可能的方法来测量距离：一种是宇宙膨胀时保持不变的共动距离；另一种是物理距离，它只是由于宇宙的膨胀而增长。物理距离等于标度因子乘以共动距离。

1. 共动径向距离

虽然共动径向距离 $r(z)$ 是不可观测的，但仍有必要给出它的表达式，因为它是计算角直径距离 d_A 和光度距离 d_L 的基础。如图 4.29 所示，基于罗伯逊–沃尔克度规，考虑处在共动坐标 r 处天体在 t 时刻（或红移 z）发出的光子，在 t_0 时刻（或红移 $z = 0$）到达 $r = 0$ 的径向传播，光行走的零测地线满足

$$\int_0^r \frac{\mathrm{d}r}{\sqrt{1-kr^2}} = \int_t^{t_0} \frac{c\mathrm{d}t}{a(t)} = \int_a^{a_0} \frac{c\mathrm{d}a}{a\dot{a}} = \frac{c}{a(t_0)H_0}\int_0^z \frac{\mathrm{d}z}{E(z)} \tag{4.155}$$

式中利用了 $\dfrac{\mathrm{d}a}{a} = -\dfrac{\mathrm{d}z}{1+z}$。

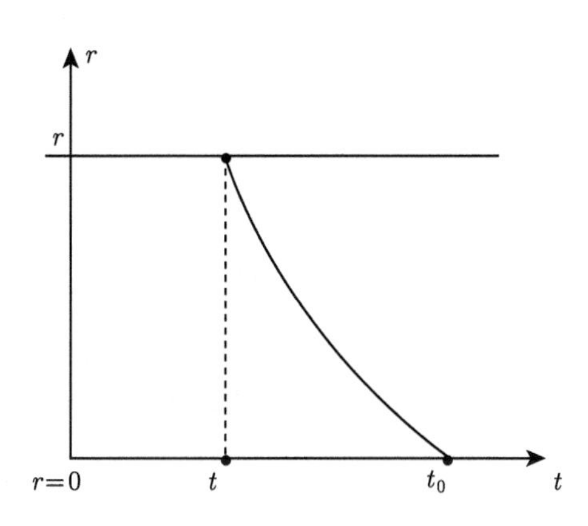

图 4.29 光线沿测地线传播路径

利用双曲函数

$$\chi = \int_0^r \frac{\mathrm{d}r}{\sqrt{1-kr^2}} = \begin{cases} \arcsin r & (对于\ k=1) \\ r & (对于\ k=0) \\ \mathrm{arsinh} r & (对于\ k=-1) \end{cases}$$

共动径向距离 $r(z)$ 可表示为

$$r(z) = \begin{cases} \sin\left[\dfrac{c}{a_0H_0} fE\right], & k=1\ (或者\ \ \Omega_k<0) \\ \dfrac{c}{a_0H_0} fE, & k=0\ (或者\ \ \Omega_k=0) \\ \sinh\left[\dfrac{c}{a_0H_0} fE\right], & k=-1\ (或者\ \ \Omega_k>0) \end{cases} \tag{4.156}$$

其中 $fE = \int_0^z \mathrm{d}z/E(z)$，$E(z) = f(z, \Omega_M, \Omega_\Lambda, \Omega_k)$，即宇宙膨胀率 $E(z) = H(z)/H_0$ 是红移和宇宙学参量的函数（如图 4.30 所示共动径向距离 $r(z)$）。共动径向距离 $r(z)$ 是宇宙学中最重要的量。在宇宙学中，除哈勃参量 $H(z)$ 以外的所有可观测量，宇宙学参量都是通过 $r(z)$ 或者 $E(z)$ 的积分进入其中。

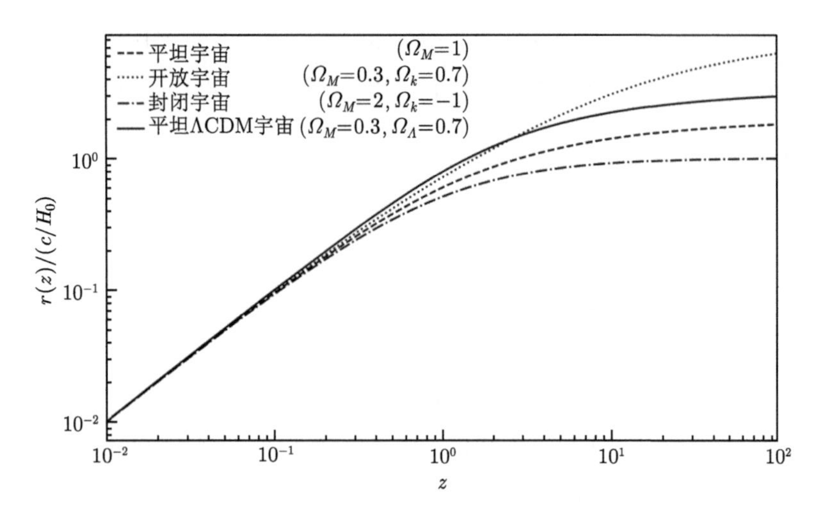

图 4.30 各种宇宙学模型下共动径向距离 $r(z)$ 随红移 z 的变化

2. 光度距离

光度距离是表示从远处光源接收到的光的量度的一种方法。假设我们观测的光源具有一定的流量，光源的固有光度为 L（在静止参考系中单位时间产生的能量），那么测量的流量 F_0（观察者在单位时间和单位面积上测到的能量）与光度距离之间的关系为距离的平方反比定律

$$F_0 \equiv \frac{L}{4\pi d_L^2} \tag{4.157}$$

光度距离并不是天体的实际距离，因为在真实的宇宙中，平方反比定律不成立。不成立的原因之一是宇宙的几何形状不必是平坦的，其次是宇宙正在膨胀。一般而言，假设天体发出的光子是在当前时刻被观测到的。考虑宇宙的膨胀和任意几何形状，如图 4.31 所示，光源在 t 时刻的本征亮度为 L，则在时间间隔 $\mathrm{d}t$ 内发射能量 $L\mathrm{d}t$。光子的能量由观察者在 $\mathrm{d}t_0$ 时间间隔内接收，并分布在半径为 $4\pi a^2(t_0)r^2(z)$ 的球面上。光源 t 时刻发射的光度 L 和 t_0 时刻观测到的光度，即视亮度 L_0，分别表示为

$$L = \frac{n\hbar\omega}{\mathrm{d}t}, \quad L_0 = \frac{n\hbar\omega_0}{\mathrm{d}t_0} \tag{4.158}$$

其中 n 是光子数，在宇宙膨胀过程中守恒；$\hbar$ 是简化的普朗克常数。这样我们得到 $L_0 = L\dfrac{\mathrm{d}t}{\mathrm{d}t_0}\cdot\dfrac{a(t)}{a(t_0)}$，它由两个效应引起，即光子能量的减少 $1+z \equiv \dfrac{a(t_0)}{a(t_\mathrm{e})} = \dfrac{\lambda_0}{\lambda_\mathrm{e}} = \dfrac{\omega_\mathrm{e}}{\omega_0}$

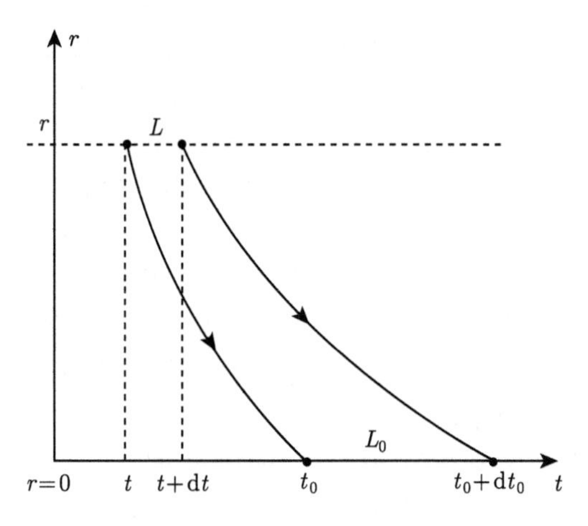

图 4.31 光线传播路径

和时间间隔的增加，即在 4.2 节中的时间稀释效应 $\dfrac{\delta t_0}{\delta t_{\rm e}}=\dfrac{a(t_0)}{a(t_{\rm e})}$。对于今天 t_0 时刻观测到的流量为

$$F_0=\frac{L_0}{4\pi d_{p0}^2} \tag{4.159}$$

其中 $d_p=a(t_0)r(z)$ 是光源在今天 t_0 时刻的固有物理距离，即实际距离。考虑到上面两个效应，观测到的流量 F_0 进一步化为

$$F_0=L\frac{{\rm d}t}{{\rm d}t_0}\cdot\frac{a(t)}{a(t_0)}\cdot\frac{1}{4\pi a^2(t_0)r^2(z)}=\frac{L}{4\pi a^2(t_0)r^2(z)(1+z)^2} \tag{4.160}$$

它与（4.157）式比较得到光度距离

$$d_L=a(t_0)r(z)(1+z)=\frac{c}{H_0}\frac{1+z}{\sqrt{|\Omega_k|}}{\rm sinn}(\sqrt{|\Omega_k|}fE) \tag{4.161}$$

其中 $\sqrt{|\Omega_k|}=c/(a_0H_0)$，${\rm sinn}(x)=\begin{cases}\sin(x), & \Omega_k<0\\ x, & \Omega_k=0\\ \sinh(x), & \Omega_k>0\end{cases}$，它进一步给出光度距离和固有物理距离的关系

$$d_L=d_p(1+z) \tag{4.162}$$

只要光源的红移 $z\neq 0$，它的光度距离 d_L 大于实际物理距离 d_p。从（4.160）式可以看出，由于红移的效应降低了它们的视亮度 L_0，遥远的物体看起来比实际距

离更远。对于邻近的天体红移 $z \ll 1$，所以 $d_L \approx d_p$，即实际距离和它们看起来一样远。但更远处的天体显得比它们的实际距离更远（$d_L > d_p$）。从（4.161）式可以看出，如果几何不是平坦的，那么就有额外的效果，可以加强这个趋势（双曲几何）或减弱这个趋势（球面几何）（参见练习题 4.26）。

这里描述的光度是光源辐射所有波长的总光度（被称为热光度），但实际中，探测器只对某特定波长范围敏感。因此光的红移意味着，与邻近的天体相比，探测器观测到的光是由光谱中不同部分发出的。如果对天体的发射光谱足够了解，就可以对其进行修正，称为 K 改正，即比较红移不同的河外天体在相同波段的连续谱性质所需进行的光度改正。

光度距离依赖于宇宙学模型，因此它的观测可以用来告诉我们哪个宇宙学模型可以描述我们的宇宙。不同宇宙学模型下，光度距离和红移的关系如图 4.32 所示。

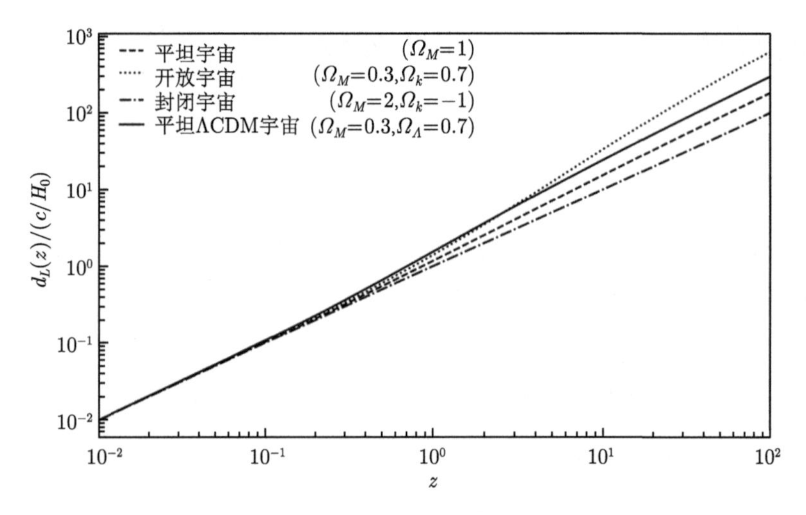

图 4.32　各种宇宙学模型下光度距离 d_L 随红移 z 的变化

超新星观测可以绘制出光度距离 d_L 随红移 z 的变化曲线，称为光度距离（或视星等）–红移关系（哈勃图）。超新星观测的量是从天体接收到的辐射流量密度，即视星等，只有当超新星的绝对光度（绝对星等）已知时，才能将其转换为光度距离。

3. 角直径距离

角直径距离是对宇宙中物体看起来有多大的测量。在欧氏几何的假设下，它被定义为已知物理大小的天体所处的距离。如图 4.33 所示，假设一个天体（如一个星系或一个星系团）在共动坐标 r 处已知其固有物理尺寸（或直径）为 D，在

t 时刻发出光子，在 $t = t_0$ 时刻 $r = 0$ 处被观察者观测到，这里选择坐标系使观察者在坐标 $r = 0$ 处。光线从天体“杆”的两端沿着径向朝观测者传播过来，所以即使宇宙在膨胀，这个沿切向的物理大小 D 也会保持不变。因此观测到天体的角直径 θ 为

$$\theta = \frac{D}{a(t)r} \tag{4.163}$$

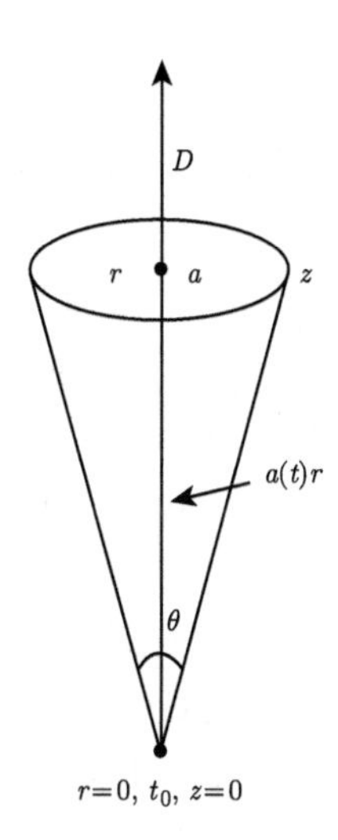

图 4.33 定义天体的角直径的几何

角直径距离 d_A 定义为

$$d_A(z) \equiv \frac{D}{\theta} \tag{4.164}$$

因此在红移 z 处天体的角直径距离 d_A 进一步写为

$$d_A(z) = a(t)r(z) = \frac{a(t_0)r(z)}{1+z} = \frac{c}{H_0}\frac{1}{(1+z)\sqrt{|\Omega_k|}}\text{sinn}(\sqrt{|\Omega_k|}fE) \tag{4.165}$$

它依赖于各种宇宙学模型（如图 4.34 所示），并且式中应用了 $1 + z = a(t_0)/a(t)$。

4. 光度距离和角直径距离的关系

对于附近的天体，与光度距离一样，角直径距离与物理距离非常接近，$d_A \approx d_p$；当天体被放置得更远时则与光度距离相反，$d_A = d_p/(1 + z)$，然而，对于很遥远的天体来说，角直径距离有一个更引人注目的行为。在讨论可观测的宇宙和共动

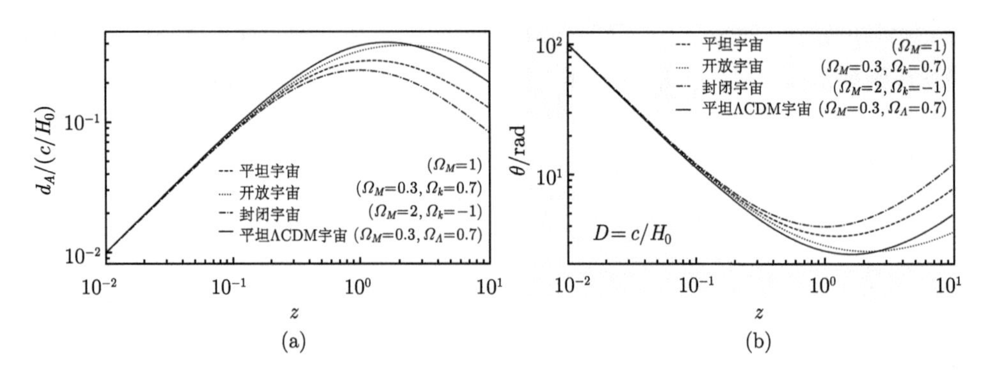

图 4.34　各种宇宙学模型下角直径距离 d_A（a）和角直径 θ（b）随红移 z 的变化

径向距离（4.155）式时，我们注意到，即使对于非常遥远的天体，a_0r 仍然是有限值，但光线的红移可以是无限大。因此，当红移 $z\to\infty$ 时，$d_A\to 0$，这意味着这些遥远的天体的角直径距离却非常小，天体似乎就在附近！一旦天体的距离足够远，进一步使它们向更远处移动，实际上使它们的角范围（角直径 θ）变大了（虽然根据光度距离，它们确实变得更暗淡了），这是因为角直径距离指的是有着固定物理长度 D 的天体，所以考虑时刻越早，其共动尺寸越大。现实中，宇宙并不包含给定固定物理尺寸的物体回溯到任意早期的时代。然而，从图 4.35 也可以看出，给定物理长度的天体在红移 $z\sim 1$ 处看起来最小（当然依赖于宇宙学模型），因此人们希望能用遥远的源来探测超过最小角度 $\theta_{\min}$ 的天体。角直径距离的一个重要应用是研究宇宙微波背景辐射的特征（见第 6 章）。

角直径和光度距离具有相似的形式，但对红移的依赖性不同。综合（4.161）和（4.165）得到两者的关系式 $d_L=d_A(1+z)^2$。对于近处的天体或者在静态欧几里得几何中，$d_A=d_L$ 则只是到天体源的距离。当以足够高的分辨率观测遥远的天体时，就像遥远星系一样，其角范围是可以分辨的，光度距离和角直径距离中的 $(1+z)$ 因子是相关的。光度距离效应减弱光辐射而角直径距离效应使光辐射分散在更大的角度区域。因此，这种所谓的表面亮度减弱是红移的一个特别强大的功能。图 4.35 展示了光度距离、角直径距离和固有物理距离三者随红移变化的比较。

4.4.2　宇宙回看时间和年龄

在 4.3.7 节已经得到红移和时间的关系式 $\mathrm{d}z/\mathrm{d}t=H(z)(1+z)$，由此可以得到宇宙在红移 z 处的年龄

$$t_z=H_0^{-1}\int_z^{\infty}\frac{\mathrm{d}z}{(1+z)E(z)} \tag{4.166}$$

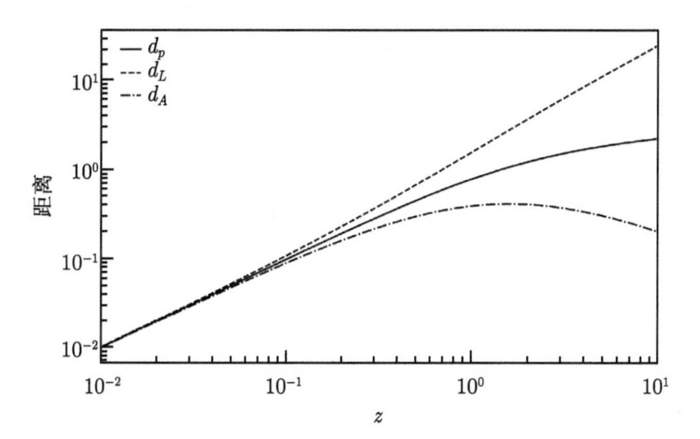

图 4.35 ΛCDM 模型下光度距离 d_L、角直径距离 d_A 和固有物理距离 d_p 随红移 z 变化的比较

当红移 $z=0$ 时，便得到宇宙今天的年龄（如图 4.36 所示）

$$t_0 = H_0^{-1}\int_0^{\infty}\frac{\mathrm{d}z}{(1+z)E(z)} \tag{4.167}$$

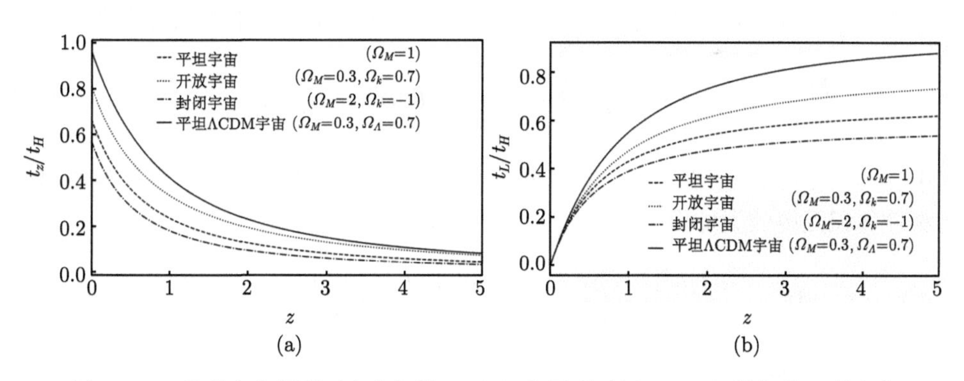

图 4.36 各种宇宙模型下宇宙年龄 t_z（a）和回看时间 t_L（b）随红移 z 的变化

（1）对于空虚宇宙，$\Omega_k=1$，$\Omega_M=\Omega_R=\Omega_\Lambda=0$，$E(z)=1+z$，$t_0=H_0^{-1}\int_0^{\infty}\frac{\mathrm{d}z}{(1+z)(1+z)}=H_0^{-1}=t_H$；

（2）对于 SCDM，$\Omega_\Lambda=\Omega_k=\Omega_R=0$，$E(z)=\sqrt{(1+z)^3}$，$t_0=H_0^{-1}\int_0^{\infty}\frac{\mathrm{d}z}{(1+z)\sqrt{(1+z)^3}}=\frac{2}{3}H_0^{-1}=\frac{2}{3}t_H$；

（3）对于辐射主导宇宙，$\Omega_R = 1$，$\Omega_\Lambda = \Omega_k = \Omega_M = 0$，$E(z) = (1+z)^2$，$t_0 = H_0^{-1}\int_0^z \frac{\mathrm{d}z}{(1+z)(1+z)^2} = \frac{1}{2}H_0^{-1} = \frac{1}{2}t_H$；

（4）对于 ΛCDM 模型，$\Omega_M = 0.3$，$\Omega_\Lambda = 0.7$，$t_0 \approx 1/H_0 = t_H$。

因此，回看时间 $t_L = t_0 - t_z$，即从当前时刻起回看到任何早期 t_z 时刻所测量的时间，可以表示为（如图 4.36 所示）

$$t_0 - t_z = H_0^{-1}\int_0^z \frac{\mathrm{d}z}{(1+z)E(z)} \tag{4.168}$$

红移计数

另一个有用的宇宙学探针是天体的源计数（在实际应用中通常是对星系计数）。假设所有的天体如星系在宇宙中均匀分布，其数目 N 在膨胀的宇宙中守恒，即 N 在共动体积元 $\mathrm{d}V_\mathrm{c}$ 中随宇宙膨胀保持常数，那么在 t 时刻或红移 z 时固有物理数密度的变化为

$$n(t) = n_0\left(\frac{a_0}{a}\right)^3 = n_0(1+z)^3 \tag{4.169}$$

其中 n_0 是当前的数密度，即数密度 $n(t)$ 正比于 $1/a^3$，随宇宙膨胀而减小。

在罗伯逊–沃尔克时空中，在无穷小 $\mathrm{d}r\mathrm{d}\theta\mathrm{d}\phi$ 立方体微元中的固有物理体积是

$$\mathrm{d}V = \left[\frac{a(t)\mathrm{d}r}{\sqrt{1-kr^2}}\right]\cdot[a(t)r\mathrm{d}\theta]\cdot[a(t)r\sin\theta\mathrm{d}\phi] = \frac{a^3(t)r^2\mathrm{d}r}{\sqrt{1-kr^2}}\cdot\mathrm{d}\Omega \tag{4.170}$$

其中立体角 $\mathrm{d}\Omega = \sin\theta\mathrm{d}\theta\mathrm{d}\phi$，覆盖全天时等于 4π。把（4.169）式代入便给出固有物理体积元中的天体数目

$$\mathrm{d}N = n(t)\mathrm{d}V = \frac{n(t)a^3(t)r^2\mathrm{d}r}{\sqrt{1-kr^2}}\cdot\mathrm{d}\Omega = \frac{n(t_0)a^3(t_0)r^2\mathrm{d}r}{\sqrt{1-kr^2}}\mathrm{d}\Omega = n(t_0)\mathrm{d}V_\mathrm{c} \tag{4.171}$$

其中 $\mathrm{d}V_\mathrm{c}$ 是共动体积元，

$$\mathrm{d}V_\mathrm{c} = a_0^3\frac{r^2\mathrm{d}r}{\sqrt{1-kr^2}}\mathrm{d}\Omega = V_H\frac{D_A^2(1+z)^2}{\sqrt{1+\Omega_k D_A^2(1+z)^2}}\mathrm{cosn}[\sqrt{|\Omega_k|}fE]\frac{\mathrm{d}z}{E(z)}\mathrm{d}\Omega \tag{4.172}$$

其中哈勃体积 $V_H = (c/H_0)^3$，归一化无量纲角直径距离 $D_A = d_A/(c/H_0)$，以及

$$\mathrm{cosn}(x) = \begin{cases} \cos(x), & k=1\ (\text{或者}\ \Omega_k<0) \\ 1, & k=0\ (\text{或者}\ \Omega_k=0) \\ \cosh(x), & k=-1\ (\text{或者}\ \Omega_k>0) \end{cases}$$

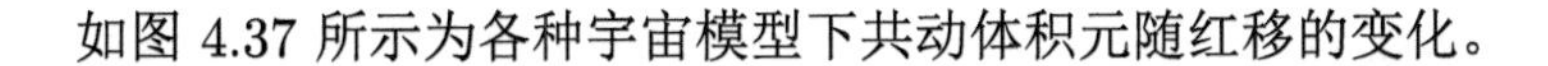

如图 4.37 所示为各种宇宙模型下共动体积元随红移的变化。

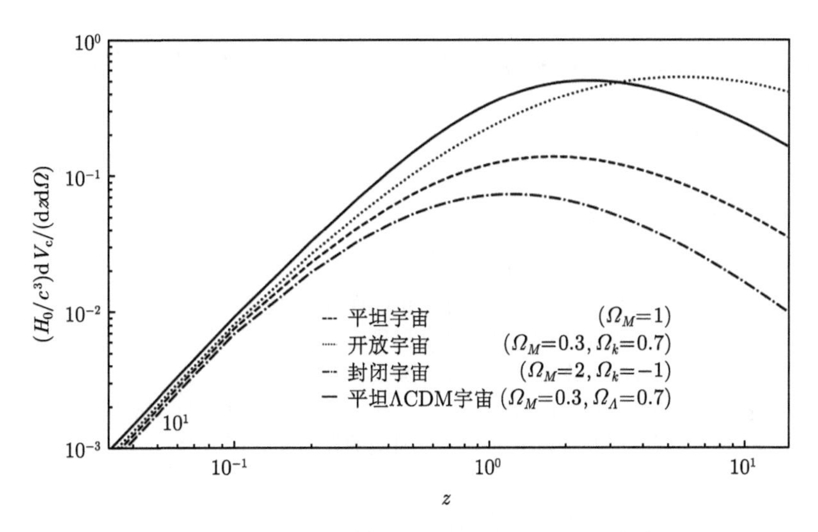

图 4.37 各种宇宙模型下共动体积元随红移 z 的变化

因此，我们可以在红移 z 或 D_A 处立体角 $\mathrm{d}\Omega$ 内和红移 $\mathrm{d}z$ 间隔内一些特定的可观测体积元 $\mathrm{d}V_\mathrm{c}$ 中计数天体（如星系）的数量 $\mathrm{d}N$，即 $\mathrm{d}N/(\mathrm{d}\Omega\mathrm{d}z)$。已知共动（或者物理）数密度 $n(t_0)$（例如今天的星系），我们可以得出共动体积元 $\mathrm{d}V_\mathrm{c}/(\mathrm{d}\Omega\mathrm{d}z)$，它依赖于红移 z 和宇宙学模型，因此宇宙学参量可以由共动体积中观测到的天体数目来约束。在实际应用中，探测到的流量是有限的。为了得到源的总数，使用光度距离得出的天体足够亮可以被看到的距离，给出固有物理距离 $d_p = a(t_0)r(z)$。因此原则上源计数可以用来约束宇宙学模型，但实际中，很难将宇宙学的影响从天体源的演化影响中分离出来。

此外，积分（4.172）式可以给出远至红移 z 或角直径距离 D_A 范围的总的共动体积

$$V_\mathrm{c}(z) = V_H \int_0^z \left[\int_0^{4\pi} \frac{\mathrm{d}V_\mathrm{c}}{\mathrm{d}z\mathrm{d}\Omega}\mathrm{d}\Omega\right]\mathrm{d}z \tag{4.173}$$

当红移 $z \to \infty$ 时（大爆炸），可以得到整个宇宙的共动体积。

习　　题

4.26 考虑封闭宇宙中的光度距离，度规为 $k > 0$ 的罗伯逊–沃尔克度规。从坐标原点到径向坐标 r 处的今天物理距离通过积分给出

$$d_\mathrm{phys} = a_0 \int_0^r \frac{\mathrm{d}r}{\sqrt{1-kr^2}}$$

（1）证明上述积分为 $d_{\text{phys}} = \dfrac{a_0}{\sqrt{k}} \arcsin(\sqrt{k} r)$；并且由此找到用 d_p 红移 z 表示的光度距离 d_L。

（2）证明对于邻近天体，$d_L \approx d_p$，并对导致 d_L 和 d_p 在远处天体上不同的两种效应进行评述。

4.27　物质主导的宇宙 $k = 0$，$\Omega_\Lambda = 0$，因此 $\Omega_M = 1$。

（1）通过考虑在 t_{e} 时刻发射的光（对应于红移 z）和在当前 t_0 时刻接收到的光，证明光所穿行的坐标距离为 $r = 3ct_0 \left[1 - \dfrac{1}{\sqrt{1+z}}\right]$。

（2）推导在红移 z 处长度为 l 的物体的张角。

（3）求解在小和大红移极限下张角的行为并且给出物理解释。

（4）证明在红移 $z = 5/4$ 处的天体张角显得最小。

4.28　对于含有宇宙学常数的空间平坦的物质主导的宇宙：

（1）证明其弗里德曼方程可以写成 $H^2(z) = H_0^2[1 - \Omega_M + \Omega_M(1+z)^3]$。

（2）由此进一步证明空间平坦宇宙中 z 处对应的径向共动距离为

$$r = (c/H_0) \int_0^z \frac{\mathrm{d}z}{[1 - \Omega_M + \Omega_M(1+z)^3]^{1/2}}$$

（3）已知 $c/H_0 = 3000\text{Mpc} \cdot \text{h}^{-1}$，推导在 $\Omega_M = 1$ 特殊情况下光度和角直径距离与红移的函数关系。

（4）给定 $\Omega_M = 0.3$，数值求解这个方程，画出光度距离和角直径距离与红移的函数关系曲线（图 4.32 和图 4.34）。

4.29　“欧几里得计数”是指在几何性质（近似为欧几里得几何）、膨胀和源族的演化都可以忽略的极限下的天体源的计数。

（1）考虑一族具有相同的固定光度、分布在均匀数密度空间中的源。确定观测到在给定通量密度极限 S 之上的源的数量用 S 标度的关系式。

（2）证明对一族具有不同绝对光度的源，这种标度关系是不变的；利用这一点来论证对任何天体的实际巡天测量都可能被接近探测流量极限的源所支配。

第 5 章　暴胀宇宙学

在标准大爆炸宇宙学中，宇宙的状态以辐射主导或物质主导阶段为特征。它们对应于宇宙的减速膨胀，其中标度因子相对于宇宙时间的二阶导数为负，即 $\ddot{a} < 0$。同时，这种减速膨胀不足以解决一些困扰着标准大爆炸设想的宇宙学问题，如平坦和视界问题等。为了解决这些基本问题，需要考虑早期宇宙加速膨胀（$\ddot{a} > 0$）的时代，即暴胀阶段。

5.1　基本概念

宇宙暴胀最早于 1981 年被提出，至今仍然是现代宇宙学的一个研究热点。暴胀不是热大爆炸理论的替代品，而是其补充，应用于宇宙膨胀的极早时期。当宇宙年龄达到前面章节讨论过的各个年龄的时候，暴胀早已结束了很长时间，并且标准大爆炸演化得以恢复，以便保留之前讨论过的大量成功案例，如微波背景辐射和核合成。

暴胀的基本思想最初是由 Guth 和 Sato 在 1981 年独立提出的，现在称为旧暴胀模型（如图 5.1 所示）。但是，它存在一个严重的缺点，那就是在膨胀结束后不久，宇宙因气泡碰撞而变得不均匀。其修正版是由 Linde，Albrecht 和 Steinhardt 于 1982 年提出的，被称为新暴胀模型，它与慢滚暴胀相对应。不幸的是，这种情况还存在微调问题，即宇宙在假真空中需要花费足够的时间来导致足够的暴胀。1983 年，Linde 考虑了慢滚暴胀的变体版本，称为混沌暴胀，其中标量场的初始条件是混沌的（图 5.2）。根据这个模型，均匀和各向同性的宇宙可能会在发生充分暴胀的区域产生。在近几十年中，已经建立了许多种暴胀模型。特别地，最近的趋势是基于超弦或超引力模型构造一致的暴胀模型。

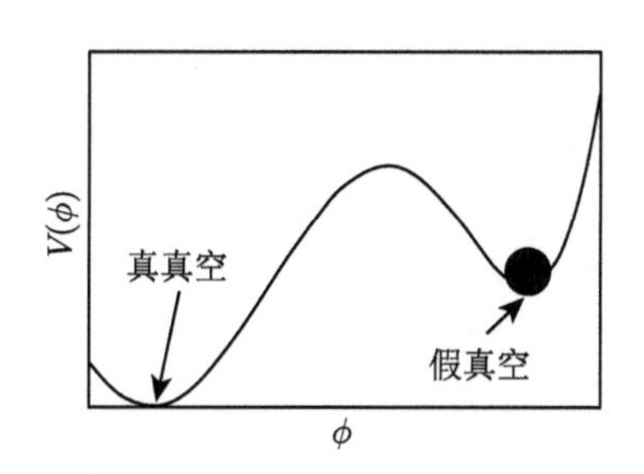

图 5.1　旧暴胀模型示意图

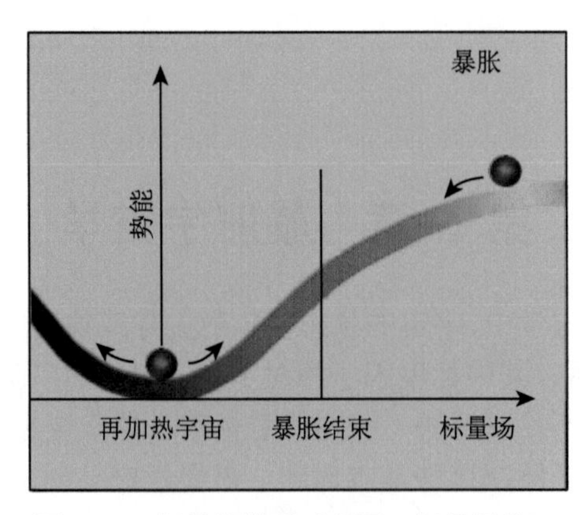

图 5.2　新暴胀模型示意图（标量场势）

暴胀爆发的过程可用如下方式描述。随着膨胀，宇宙冷却下来。当宇宙演化至 10^{-35}s 时，温度仅为 10^{27}K。在这个临界温度下，宇宙经历了一个相变，类似于液态水冻结成冰的过程。在非常短的距离内把质子和中子聚集在一起的强大的核力（强相互作用力）从其他的力中分离出来。物理学家称这个过程为“对称性破缺”，它释放了大量的能量。然后，宇宙以指数方式膨胀，经历了被理论家称为“暴胀”的非凡时期。在这段时间里，宇宙在 10^{-33}s 内膨胀了 10^{50} 倍。如图 5.3 所示，粗红实线表示标准大爆炸模型，而细红实线则表示暴胀。可观测宇宙的半径随时间膨胀。纵轴是对数的，表示可观测宇宙的指数增长。横轴以秒为单位显示时间的流逝，从大爆炸后的瞬间到今天。只有暴胀，浅蓝色阴影表示的短暂时

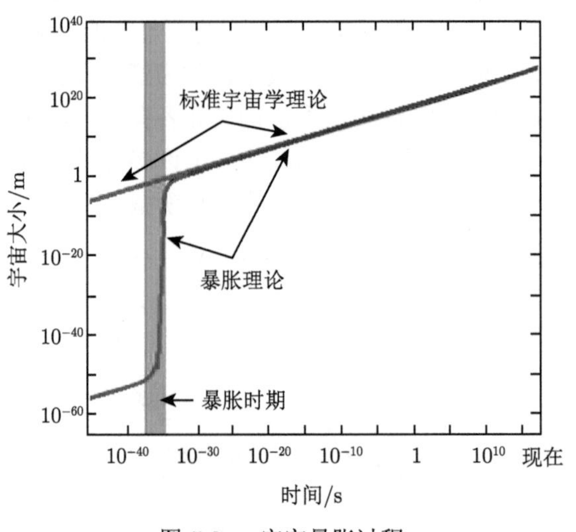

图 5.3　宇宙暴胀过程

期，才能解决视界问题，即光能在有限时间内穿行的距离与大爆炸后任何给定时刻可观测宇宙的表观大小之间的差异。

5.2 条 件

暴胀定义为宇宙在一段演化过程尺度因子加速增长

$$\ddot{a}(t) > 0 \tag{5.1}$$

通常这对应于宇宙的急速膨胀。在暴胀时期，宇宙中只包含时空度规和标量场，没有任何物质和其他能量，$\Omega_M = 0$，因此加速度方程为（注意不依赖于空间曲率 k，并且在暴胀之前和期间，宇宙可以是任何几何状态）

$$\frac{\ddot{a}}{a} = -\frac{4\pi G}{3}\left(\rho + \frac{3p}{c^2}\right) \tag{5.2}$$

其中 p 和 ρ 分别为标量场的压强和密度，加速膨胀要求 $\rho c^2 + 3p < 0$。我们总是假设密度为正，因此为了满足这个条件，需要一个负压强

$$p < -\frac{\rho c^2}{3} \tag{5.3}$$

它不依赖于宇宙的空间曲率 k。幸运的是，现代粒子物理学关于对称性破坏的理论指出了这种负压的产生方式（5.4 节）。考虑标量场状态方程 $p = \omega\rho c^2$，因此 ω 满足 $\omega < -1/3$。

在 4.3.4 节已经知道，典型的宇宙暴胀的例子是拥有宇宙学常数 Λ 的宇宙。这相当于有一个状态方程为 $p = -\rho c^2$ 的流体，满足上述情况条件。包括其他物质和曲率项的完整的弗里德曼方程是

$$\frac{\dot{a}^2}{a^2} + \frac{kc^2}{a^2} = \frac{8\pi G}{3}\rho + \frac{\Lambda}{3} \tag{5.4}$$

曲率项和密度项随宇宙膨胀迅速减小，宇宙学常数项为常数。因此，一段时间后，宇宙学常数项主导弗里德曼方程，得到

$$H = \sqrt{\frac{\Lambda}{3}} = \sqrt{\frac{8\pi G\rho_\Lambda}{3}} \tag{5.5}$$

其中$\rho_\Lambda = \dfrac{\Lambda}{8\pi G}$；$p_\Lambda = -\rho_\Lambda c^2 = -\dfrac{\Lambda c^2}{8\pi G}$。哈勃参量 $H = \dot{a}/a$，宇宙学常数 Λ 是常

数，因此哈勃参量 $H(t)$ 也是常数。这非常重要，由此导致指数膨胀解

$$a(t)=\frac{c}{H}\exp(Ht) \tag{5.6}$$

所以当宇宙被宇宙学常数主导时，宇宙的膨胀速度比我们迄今所看到的要快得多。这个解既适合宇宙近期或者未来暗能量（宇宙学常数）主导的演化，也适合在宇宙极早期的暴胀阶段。这个解称为德西特空间（或模型或宇宙）。

经过一定的时间，暴胀结束，标量场（宇宙学常数）的能量转换为传统的物质，即充当宇宙学常数的粒子衰变为正常粒子。之后宇宙大可以像以前一样继续演化（如图 5.2 和图 5.3 所示）。假若这一切都发生在宇宙极其年轻的时候，那么热大爆炸模型就不会丧失其成功性。典型的宇宙模型是极其年轻的时候发生暴胀，大约在 10^{-34}s，这处于大统一理论的 10^{16}GeV 的能量尺度（参见第 8 章早期宇宙中时间和能量关系式）。

5.3 动　力　学

如同 4.3.7 节，考虑一个均匀标量场，$\phi=\phi(t)$，它只依赖于时间 t，其能量密度和压强分别为$\rho_\phi=\frac{1}{2}\dot{\phi}^2+V(\phi)$，$p_\phi=\frac{1}{2}\dot{\phi}^2-V(\phi)$。宇宙中只包含标量场，考虑平坦几何 $k=0$，那么由弗里德曼方程、加速度方程和流体方程分别得到

$$H^2=\frac{8}{3}\pi G\left[\frac{1}{2}\dot{\phi}^2+V(\phi)\right] \tag{5.7}$$

$$\frac{\ddot{a}}{a}=-\frac{8}{3}\pi G\left[\dot{\phi}^2-V(\phi)\right] \tag{5.8}$$

$$\ddot{\phi}+3H\dot{\phi}+V'(\phi)=0 \tag{5.9}$$

式（5.9）被称为标量波动方程或标量场的运动方程，其中 $V'(\phi)$ 是相对于标量场 ϕ 的导数。

慢滚近似　从加速度方程可以看出，宇宙加速的条件 $\rho c^2+3p<0$，即 $\dot{\phi}^2<V(\phi)$，这意味着暴胀的势能主导其动能。因此，为了导致足够的暴胀，需要一个平坦的势能，即慢滚势能。

如前所述，分析暴胀的标准近似技术是慢滚近似：$\frac{1}{2}\dot{\phi}^2$ 或 $\frac{3}{2}\dot{\phi}^2\ll V(\phi)$ 和 $\ddot{\phi}\ll 3H\dot{\phi}$。这样方程（5.7）和（5.9）近似为

$$H^2\approx\frac{8\pi G}{3}V(\phi),\qquad 3H\dot{\phi}\approx -V'(\phi) \tag{5.10}$$

我们可以定义慢滚参量 ϵ 和 η：

$$\epsilon(\phi) = \frac{1}{16\pi G}\left(\frac{V'}{V}\right)^2, \qquad \eta(\phi) = \frac{1}{8\pi G}\frac{V''}{V} \tag{5.11}$$

这是量化暴胀的有效途径。很容易证明慢滚近似在下面条件成立时是有效的

$$\epsilon(\phi) \ll 1, \qquad |\eta(\phi)| \ll 1 \tag{5.12}$$

由此很容易地确定对于某一给定标量场势，暴胀可能发生在何时。很明显，当慢滚参量 ϵ 和 η 增长到 1 的量级时暴胀结束。标量场演化方程只有在极少数势下才能精确求解。事实上，只要相关的积分可以解析地进行，从慢滚方程中很容易找到解。然而，在大多数情况下，甚至不需要找到运动方程的解。

暴胀充分条件的证明 慢滚近似是发生暴胀的充分条件，可以从另一个角度证明。暴胀条件 $\ddot{a} > 0$ 可以重写为

$$\frac{\ddot{a}}{a} = \dot{H} + H^2 > 0 \tag{5.13}$$

这里 $H = \dot{a}/a$ 是哈勃参量。只要 $\dot{H} > 0$，上式显然满足，否则需要 $-\dfrac{\dot{H}}{H^2} < 1$，把慢滚参量 ϵ 和 η 的定义代入，可得

$$-\frac{\dot{H}}{H^2} \approx \frac{1}{16\pi G}\left(\frac{V'}{V}\right)^2 = \epsilon \tag{5.14}$$

因此，如果慢滚近似有效（$\epsilon \ll 1$），则可以确保暴胀过程。

暴胀的量度 通常发生的暴胀的量度由最后时刻的标度因子与其初始时刻的值之比 $a(t_f)/a(t_i)$ 来量化。因为它通常是极大的，所以取对数来表示，即定义 e 指数折叠（e-folding）的数目

$$N \equiv \ln\left[\frac{a(t_f)}{a(t_i)}\right] = \int_{t_i}^{t_f} H(t)\mathrm{d}t \tag{5.15}$$

这里 $H = \dot{a}/a$ 是哈勃参量，下标 i 和 f 分别表示暴胀开始和结束的时刻。在大多数情况下，我们唯一需要给定标量场之值，而不是给定时间情况下暴胀发生的量度。这可以通过慢滚近似立即计算出来，无须求解运动方程，因此有

$$N = \int_{t_i}^{t_f} H(t)\mathrm{d}t \approx 8\pi G\int_{\phi_f}^{\phi_i} \frac{V}{V'}\mathrm{d}\phi \tag{5.16}$$

式中 ϕ_f 由暴胀结束时慢滚条件的违反 $\epsilon(\phi_f)=1$ 确定；哈勃参量 $H(t)\approx -8\pi G\dfrac{V}{V'}\dot{\phi}$ 由慢滚条件下的弗里德曼和运动方程得到。

再加热：恢复热大爆炸　如图 5.2 所示，暴胀场可以表示为一个滚下山的球。在膨胀过程中，能量密度近似恒定（即哈勃参量 $H(t) = \text{const}$），推动宇宙的剧烈膨胀。当球开始围绕山脚底部摆动时，暴胀就结束了。暴胀能量衰变成粒子。在某些情况下，暴胀的相干振荡导致粒子的共振产生，这些粒子很快进行热处理，重新加热宇宙。在这个再加热过程中，暴胀阶段被标准的大爆炸演化所取代。再加热过程通常分为三个阶段：

（1）非暴胀标量场动力学；

（2）暴胀粒子的衰变；

（3）衰变产物的热处理化。

一旦暴胀结束，标量场开始在哈勃时间尺度上快速运动（$1/H$），并开始在势的最小值附近振荡。接着暴胀粒子的衰变，一旦哈勃时间（即宇宙年龄）达到衰变时间，就会发生。暴胀可能衰变为玻色粒子。最后是玻色粒子衰变和相互作用，最终达到热平衡。物理细节取决于所采用的场论，它最终决定宇宙达到热平衡的温度，重新进入标准的热大爆炸演化行为。

5.4　大爆炸宇宙学中的难解之谜

5.4.1　平坦性问题

平坦性问题是最容易理解的。观测表明，宇宙的总物质密度参量 $\Omega_T = \Omega_0 + \Omega_\Lambda$，它接近临界密度。保守而言，其范围是 $0.5 < \Omega_T < 1.5$。在几何方面，这意味着宇宙相当接近平坦型（欧几里得）几何。在 4.3.5 节中已经把弗里德曼方程改写为表示 Ω_T 随时间变化的等式 $\Omega_T - 1 = \dfrac{k}{a(t)^2}\left[\dfrac{c}{H(t)}\right]^2$ 或者

$$|\Omega_T(t) - 1| = \frac{|k|c^2}{a^2H^2} \tag{5.17}$$

从上式可以知道，如果在某一时刻，比如今天，Ω_T 恰好等于 1，那么它将一直保持其平坦性不变。但如果不是呢？为了清楚地说明问题，我们考虑传统宇宙物质或辐射主导的宇宙模型，忽略曲率项和宇宙学常数项得到

$$a^2H^2 \propto t^{-1}, \quad \text{辐射主导}$$

和

$$a^2H^2 \propto t^{-2/3}, \quad \text{物质主导}$$

因此进一步得到总物质密度参量分别为

$$|\Omega_T(t)-1| \propto t, \quad \text{辐射主导}$$

$$|\Omega_T(t)-1| \propto t^{2/3}, \quad \text{物质主导}$$

在上述任意一种情况下，Ω_T 和 1 之间的差是时间的增函数。这意味着平坦几何对宇宙来说是不稳定的；任何偏离会使宇宙很快变得越来越弯曲。因此，宇宙即使现在其年龄已经很大时也如此接近平坦，那么在非常早的时候，它一定是极其接近平坦的几何形状。另一种解释是物质和辐射的密度分别随膨胀按 $1/a^3$ 和 $1/a^4$ 减小，都比曲率项 k/a^2 减小的速度快。因此，如果曲率项在现在的宇宙中不完全占主导地位，那么它在开始时肯定比其他项要小得多。

若曲率或宇宙学常数项不再可以忽略不计，那么上述公式 $|\Omega_T-1|$ 就不再有效，因为我们利用了平坦宇宙的 $a(t)$ 得到了上述公式。但是，它们给出了很好的近似来帮助我们看清问题所在。方便起见，假设宇宙仅存在辐射。利用上述公式，基于今天宇宙年龄（$t_0=4\times10^{17}\text{s}$）的限制，可以讨论在各个不同的早期，密度参量有多么接近于 1。

在退耦时期（$t\sim10^{13}\text{s}$），$|\Omega_T-1|<10^{-5}$；

在物质辐射相等时刻（$t\sim10^{12}\text{s}$），$|\Omega_T-1|<10^{-6}$；

在核合成时期（$t\sim1\text{s}$），$|\Omega_T-1|<10^{-18}$；

在电弱对称破缺的尺度上，这与最早的已知物理相对应（$t\sim10^{-12}\text{s}$），$|\Omega_T-1|<10^{-30}$。

这意味着在我们非常了解的核合成时期，密度参量的范围必须满足 $0.999999999999999999<\Omega_T<1.000000000000000001$！在它所有可能取值中，这似乎是一个非常有限的范围。任何其他值都会导致一个与我们所看到的截然不同的宇宙。无论我们是否理解这些数字的物理起源，它们都是观测到的事实。这告诉我们一个有用的事实：宇宙在退耦和核合成时期是非常接近空间平坦的几何，这意味着当描述这些现象时，弗里德曼方程中设定 $k=0$ 始终是一个很好的近似。

如上所述，大爆炸理论存在的问题是，$|\Omega_T-1|$ 总是随着时间而增加，使 Ω_T 的值偏离 1。暴胀可以扭转这种状况，因为

$$\ddot{a}>0 \Longrightarrow \frac{\mathrm{d}}{\mathrm{d}(t)}(\dot{a})>0 \Longrightarrow \frac{\mathrm{d}}{\mathrm{d}(t)}(aH)>0 \tag{5.18}$$

这实际上等于在暴胀期间 $H=c$，因此暴胀的条件正是推动 Ω_T 朝向 1 而不是远离 1 演化。暴胀的情况恰恰是使 Ω_T 的值趋向 1，而不是远离 1。在完美的指数

膨胀的特殊情况下，效果尤其明显

$$|\Omega_T - 1| \propto \exp\left(-\sqrt{\frac{4\Lambda}{3}}t\right) \tag{5.19}$$

暴胀的目的不仅是使 Ω_T 值接近 1，事实上是令其非常接近 1，以至于即使是暴胀结束之后到现在的所有后续膨胀也不足以使其再次偏离 1（如图 5.4 所示）。

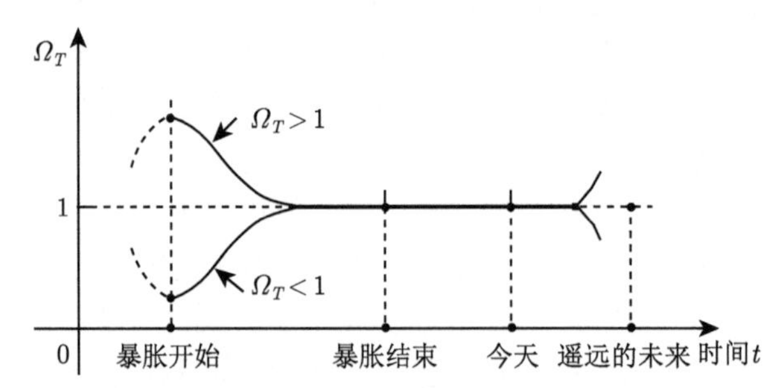

图 5.4　密度参量 Ω_T 的可能演化。虚线表示暴胀之前可能的一段演化时期。之后暴胀从上方（$\Omega_T>1$）或下方（$\Omega_T<1$）推动 Ω_T 的对数朝向零（即 Ω_T 朝向 1）。到暴胀结束时，Ω_T 是如此接近于 1，以至于从暴胀结束后到今天的所有演变都不足以再次改变其状态。只有在很遥远的将来，它才会开始偏离 1

解决平坦性问题的标准类比是想象一个被迅速吹到太阳那么大的气球，这样它的表面看起来很平坦（如图 5.5 所示）。暴胀和通常的大爆炸的关键区别在于，

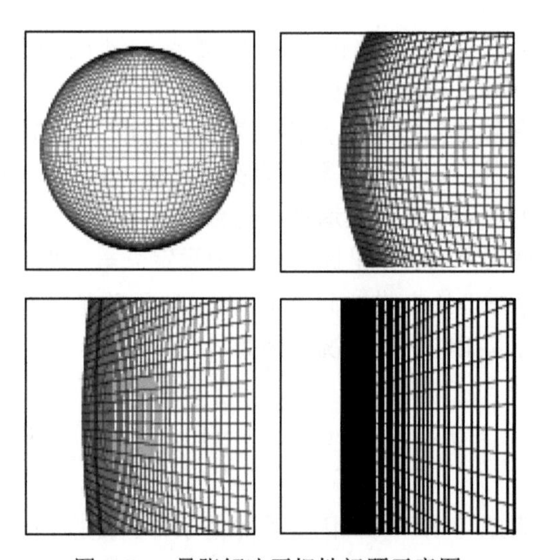

图 5.5　暴胀解决平坦性问题示意图

由哈勃（物理）长度 cH^{-1} 粗略估计出来（因为 H^{-1} 约等于宇宙年龄，c 是光传播的速度）的可观测宇宙的大小不随暴胀过程变化，它保持恒定。所以很快就无法得知表面的曲率。相反，在宇宙大爆炸的场景中，可见距离的增长比气球膨胀的情况更快，所以随着时间的推移可以看到更多的曲率。

暴胀预言宇宙非常接近于空间平坦。如果现在的宇宙中存在宇宙学常数，那么平坦的宇宙需要满足 $\Omega_T = \Omega_0 + \Omega_\Lambda = 1$。目前的观测，特别是宇宙微波背景各向异性，强烈表明这一条件确实得到了满足。到目前为止，暴胀的简单预言与观测完全吻合。

5.4.2 暴胀的程度

可以用平坦性问题来估计暴胀的程度。为了进行更好的计算，我们进行以下可以放宽的简化假设。

暴胀在 10^{-34}s 结束；暴胀完全呈指数形式膨胀；宇宙从暴胀结束到现在完全是辐射占主导地位；暴胀开始时 Ω_T 的值与 1 相差不大；为了便于论证，假设今天 $|\Omega_T - 1| < 0.1$；宇宙今天的年龄约为 4×10^{17}s。

在辐射主导时期，$|\Omega_T - 1| \propto t, |\Omega_T - 1| \leqslant 0.1 \Longrightarrow |\Omega_T(10^{-34}\text{s}) - 1| \leqslant 3 \times 10^{-53}$。

暴胀期间 H 保持不变，所以 $|\Omega_T - 1| \propto \dfrac{1}{a^2}$。

因此，只要标度因子 a 在暴胀的过程中至少增加 10^{27} 倍，那么暴胀结束所需的值就可以实现！这似乎令人难以置信，根据暴胀模型的标准，这根本不算大，膨胀 10^{10^8} 倍都不罕见！

这一切都可以发生得极其快。假设特征膨胀时间 $H^{-1} = 10^{-36}$s。那么在 10^{-36}s 和 10^{-34}s 之间，宇宙膨胀的倍数为 $\dfrac{a_{\text{final}}}{a_{\text{initial}}} \approx \exp[H(t_{\text{final}} - t_{\text{initial}})] = e^{99} \approx 10^{43}$，指数膨胀是如此剧烈，很快就能膨胀到所需大小。

5.4.3 视界问题

视界问题是热大爆炸模型中最重要的问题，指宇宙中不同区域之间的通信问题。关键的因素是，宇宙年龄是有限的，因此即使是光也只能在任何给定的时间里穿行有限的距离。如前所述，光在宇宙生命中所能穿行的距离称为可观测宇宙。这是我们实际上可以看到的区域，无论宇宙整体上是有限的还是无限的，它始终是有限的。

宇宙微波背景辐射最重要的一个性质是它非常接近各向同性，即从天空的任何一个部分看到的光，都有着同样的温度（2.725 K），且精度很高。处于同一温度是热平衡的特征，因此，如果天空的不同区域能够相互作用并朝着热平衡方向移动，那么这种温度各向同性的观测结果就自然得到了解释。不幸的是，从天空的另一端看到的光，从退耦开始就一直向我们穿行而来，退耦时刻与大爆炸本身发生的时刻非常接近。由于光刚刚到达我们观测者，那么它不可能到达与往年观测者同样距离的天空的另一侧。因此，没有时间使天空两个相反方向的区域以任何方式发生相互作用，不能认为这两个区域有同样的温度是因为它们发生了相互作用并建立了热平衡（如图 5.6 所示）。大爆炸模型无法解释这个现象。

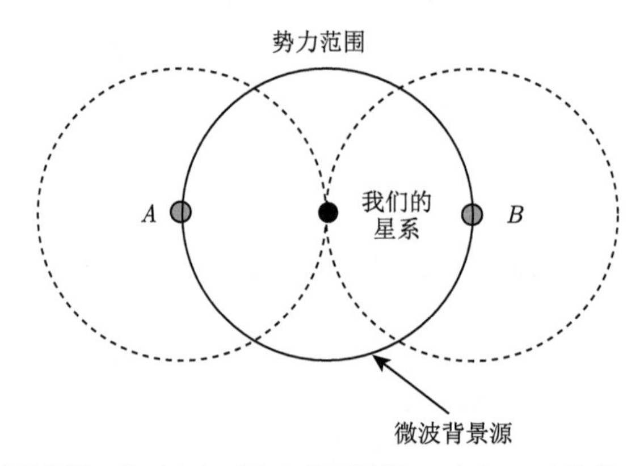

图 5.6 视界问题示意图。从天空相反方向的两端的 A 点和 B 点接收到了具有如此精确的相同温度的微波辐射。虚线表示到现在为止能够影响 A 点和 B 点的区域范围。A 和 B 两个点之间的距离足够远，根本不可能发生相互作用，因为从微波辐射产生开始，大爆炸没有足够的时间进行信息交换

暴胀极大地增加了宇宙中某一区域的（物理）大小，同时保持其特征尺度或者视界，即哈勃长度 cH^{-1}（物理视界）不变。这意味着，这一小部分宇宙，小到在暴胀之前在视界之内并且能够达到热平衡，暴胀之后可以膨胀到比目前可观测宇宙的大小（即物理视界）大得多（如图 5.7 所示）。这样来自天空相反方向的两

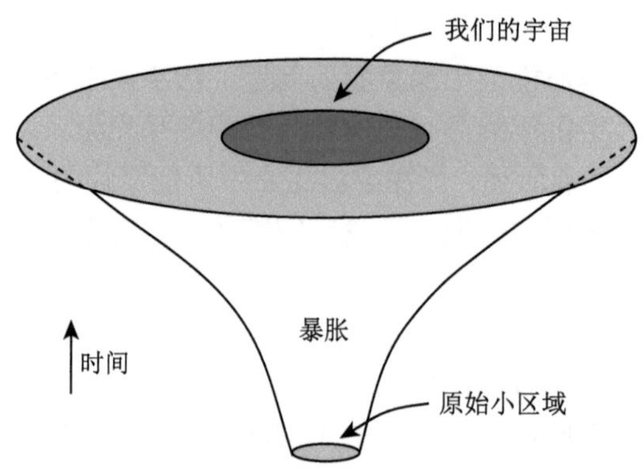

图 5.7 暴胀解决视界问题示意图。从最初的一小块热平衡区域膨胀到包括现在整个的可观测宇宙

端的微波背景辐射确实有相同的温度，因为它们曾经处于热平衡，这如同中国俗语：五百年前是一家。

解决视界问题的另一种说法是，由于暴胀，光从大爆炸到退耦的时间内穿行的距离比从退耦到现在的距离远得多，从而扭转了通常的状况。

5.4.4 残留粒子丰度——磁单极子

另一个谜团源自热大爆炸模型和现代粒子物理学的结合。宇宙辐射主导持续了很久，至少有 1000 年。这是意想不到的，因为辐射密度随宇宙膨胀而按 $1/a^4$ 减小，比任何其他类型的物质都要快得多。如果宇宙从极少量的非相对论性物质开始，那么其密度较慢的降低速度会很快使它变得突出。事实上，粒子相互作用的标准模型中的粒子不会导致任何问题，因为它们与辐射有强烈的相互作用，热平衡过程阻止了它们变得过于突出。

但现代粒子物理学抛出了其他粒子，即起初推动暴胀的最关键的是一类被称为磁单极子的粒子。这些粒子是基本力统一模型（所谓的大统一理论）不可避免的结果，理论预测，它们是在宇宙的非常早期以高丰度产生的，并且能量极大。大统一理论认为是大约 10^{16}GeV，对比起来，质子只有很小的 1GeV 左右。这样的粒子几乎在宇宙的所有历史中都是非相对论性的，它们有足够的时间来超过辐射成为主导。由于我们知道现在宇宙并不是由磁单极子控制的，所以预测它们的理论与标准的热大爆炸模型是不相容的（见习题 5.4）。

暴胀时期的急剧膨胀稀释了所有的残留粒子，因为它们的密度随着宇宙膨胀比宇宙学常数降低得更快。如果发生足够的膨胀，这种稀释可以很容易地确保粒子在今天是不可见的。

5.4.5 密度扰动

暴胀不仅为解决平坦和视界问题提供了一种很好的方法，而且还产生了宇宙大尺度结构的种子密度扰动。事实上，暴胀提供了一个因果机制，可以产生一个几乎尺度无关的宇宙扰动谱。当涨落的尺度离开哈勃半径 $c/H(t)$（物理视界）时，驱动暴胀的场的量子涨落通常被加速膨胀所冻结。在暴胀结束后很长一段时间内，尺度再次穿越进入哈勃半径（如图 5.8 所示）。因此，在暴胀过程中留下印记的扰动成为宇宙大尺度结构的起源。事实上，1992 年 COBE 卫星观测到的温度各向异性显示了由暴胀预测的近似尺度无关谱。2003 年 WMAP 的观测也显示了对暴胀的有力证据。暴胀仅提供了一种机制，使得初始的小“量子”扰动暴胀到能够形成尺度无关的 Harrison-Zeldovich 谱的所有尺度，但它并没有解决这些扰动究竟是如何产生的问题，这个问题留给了量子宇宙学来解决。

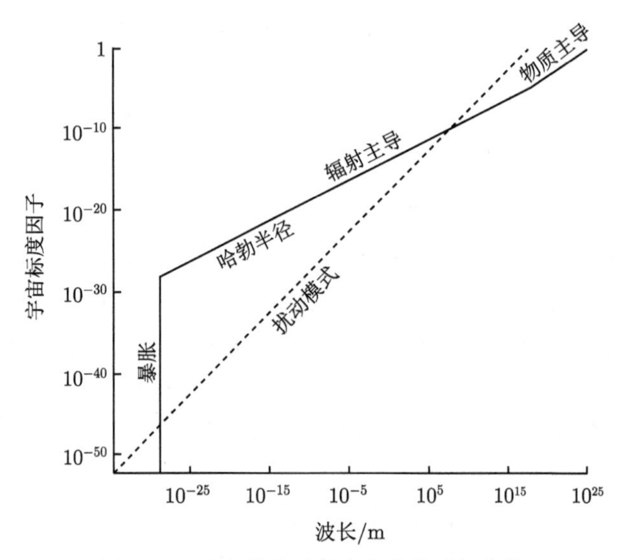

图 5.8　宇宙暴胀过程中密度扰动的演化

把暴胀定义为一段时间的加速膨胀,例如宇宙学常数可以产生这样的效果,对于理解什么是暴胀以及为什么它可以解决各种宇宙学问题是有利的。真实的暴胀模型应该包含宇宙学常数来源的合理假设,以及一个结束暴胀的自然方法。我们必须在粒子物理学领域搜寻这样一个模型。不能破坏核合成,所以暴胀最晚可能发生在宇宙年龄为 1 s 的时候,对应的温度已经超过 10^{10}K。事实上典型的暴胀模型发生在更早的时候,因此发生在更热的环境中。

为了描述这种粒子经常发生剧烈碰撞的极端的物理条件,基本粒子物理学是必需的,特别是基本相互作用理论。暴胀被认为是由这些理论所要求的一种新的、尚未发现的物质形式所驱动。关键的想法是相变,对应于物理系统在加热或冷却时性质的剧烈变化。熟悉的例子是水凝固成冰,在低温下超导或超流的发生。我们相信宇宙本身在冷却时经历了一系列的相变,例如夸克第一次凝聚形成强子等。相变是宇宙演化历史中特别引人注目的大事件,宇宙的性质从此发生了大幅的转变。相变是由一种称为标量场的不寻常物质控制,它可以表现为负压力,并满足暴胀要求的 $\rho c^2 + 3p < 0$,表现为有效的宇宙学常数。一旦相变结束,标量场衰减,暴胀结束,有望达到必需的 10^{27} 倍或更大。

最近,人们的注意力集中在一个被称为超对称性的概念上,它已经在第 2 章中被用来给出暗物质候选者。超对称假设已知的每一种基本粒子,如光子、电子和夸克,都有一个性质相似但质量较高的伙伴(对称)粒子。这种更高质量的粒子使它们很难用粒子加速器产生,这就是还没有在实验中看到它们的原因(当然没看到它们的原因还可能是它们根本不存在,只是粒子物理学家想象的虚构产物)。

在早期宇宙中，粒子及其对称粒子有非常相似的性质，然后相变会导致它们现在更加独立的特征。目前，粒子物理中的超对称理论似乎是创造暴胀模型的最佳前景。但是，现在有很多不同的暴胀模型，宇宙学的目标之一是把范围缩小到一个最受欢迎的模型，或者证伪暴胀理论。

习　题

5.1　在标准大爆炸演化过程中，已经看到，除非它的初始值恰好等于 1，否则 Ω_T 会偏离 1。Ω_T 能变成无穷大吗？如果能，这意味着什么？

5.2　早期宇宙的某些模型允许膨胀率 $a \propto t^m$，其中 m 是任意正常数。什么样的 m 值范围对应于暴胀？

5.3　在辐射主导的宇宙中，温度和时间之间的关系式是 $\left(\frac{1\mathrm{s}}{t}\right)^{1/2} \approx \frac{T}{1.3 \times 10^{10}\mathrm{K}}$。

（1）什么时候温度是 3×10^{25}K？

（2）假设那时 Ω_T 比 1 小一些，因此宇宙很快变成曲率主导，膨胀率为 $a(t) \propto t$。当宇宙温度降到 3K 时，上面的方程会如何改变？宇宙有多老？

5.4　磁单极子表现为非相对论性物质。假设对应于大统一时代的温度（约 3×10^{28}K），此刻磁单极子产生时的密度参量为 $\Omega_{\mathrm{mon}} = 10^{-10}$。

（1）假设宇宙有一个临界密度，并且是辐射主导的，那么当磁单极子密度等于辐射密度时，温度是多少？

（2）现在的宇宙温度 $T \approx 3$K。计算 $\Omega_{\mathrm{mon}}/\Omega_\gamma$ 在今天的值。这个比率与观测结果相符吗？

（3）如果有一个暴胀时期，磁单极子密度仍然会降低为 $\rho_{\mathrm{mon}} \propto 1/a^3$，但是总密度由宇宙学常数支配，保持不变。由于这种密度在暴胀后会转化为辐射，可以想象在暴胀期间辐射密度保持不变。为了使磁单极子今天的密度与辐射的密度相匹配，需要多大的暴胀（标度因子 a 的变化量）？

第 6 章　宇宙微波背景辐射

在前面几章中我们已经学习了宇宙的整体动力学，现在转向为什么称之为热大爆炸的问题。从现在起，将集中讨论没有宇宙学常数的平坦宇宙情况。在第 5 章暴胀宇宙学中已经知道，在宇宙的早期演化过程中，这总是一个很好的近似，即使现在的宇宙是不平坦的或具有宇宙学常数。

在 4.3.4 节中我们已经得出物质辐射相等时刻的红移为 $1+z_{\mathrm{eq}}=\dfrac{a_0}{a_{\mathrm{eq}}}=\dfrac{\Omega_M}{\Omega_R}\approx 2.39\times10^4\Omega_M h^2$，即 $z_{\mathrm{eq}}\sim10^4$。它至少是光子与物质退耦时的红移 $z\sim10^3$ 的几倍，这是非常重要的。因此，光子退耦时宇宙已经进入物质主导的时代。

6.1　辐 射 物 理

在学习宇宙微波背景辐射之前，首先介绍一下辐射物理的基本内容。如果粒子经常发生相互作用，那么它们的能量分布可以用平衡态热力学来描述。在热分布中，相互作用频繁，但是达到了平衡，使得所有的相互作用在向前和向后的方向上都以同样的频率进行，因此粒子数和能量的总体分布保持不变。给定能量下的粒子数目仅依赖于温度。

精确的分布取决于粒子是否是遵从泡利不相容原理的费米子，或不遵从泡利不相容原理的玻色子。光子是玻色子，它们在温度 T 下的特征分布是普朗克或黑体辐射谱。光子有两个可能的偏振，每个偏振下平均到每个模式中的占有数 N 由普朗克函数给出（如图 6.1 所示）：

$$N=\frac{1}{\exp(hf/(k_{\mathrm{B}}T))-1} \tag{6.1}$$

其中 h 是普朗克常数，k_{B} 为自然界基本常数之一——玻尔兹曼常量，其值为 $1.381\times10^{-23}\mathrm{J\cdot K^{-1}}=8.619\times10^{-5}\mathrm{eV\cdot K^{-1}}$。$hf$ 是光子的能量，玻尔兹曼常量的目的是将温度转换成特征能量 $k_{\mathrm{B}}T$。低于该特征能量，$hf\ll k_{\mathrm{B}}T$，光子容易产生且其占有数很大（光子是玻色子，泡利不相容原理不适用，在给定模式可能有任意多光子）。高于特征能量时，$hf\gg k_{\mathrm{B}}T$，在能量上是不利于光子的产生的，其占有数被指数抑制。低能量光子比高能量光子多得多。

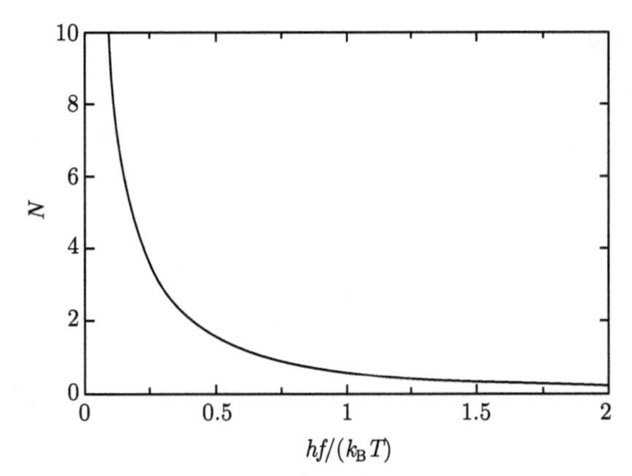

图 6.1 普朗克函数给出的每个偏振下平均到每个模式中的占有数 N。低能量光子比高能量光子多得多

比每个模式中的光子数更有趣的是在这些模式中的能量分布。单位体积的能量，称为**能量密度** ϵ。因为 $hf \gg k_\mathrm{B}T$ 的光子很少，所以在高频率下的能量不多。然而，尽管低频率的光子数量多，但是在低频率 $hf \ll k_\mathrm{B}T$ 也没有太大的总能量，因为每个光子都具有较少的能量（$E = hf$），并且它们的波长较长，每个光子都占据了较大的体积。在频率间隔 $\mathrm{d}f$ 内，频率为 f 的能量密度可表示为

$$\epsilon(f)\mathrm{d}f = \frac{8\pi h}{c^3}\frac{f^3\mathrm{d}f}{\exp(hf/(k_\mathrm{B}T))-1} \tag{6.2}$$

它表明在不同频率处的能量分布（如图 6.2 所示）。能量分布的峰值在 $f_\mathrm{peak} \approx 2.8k_\mathrm{B}T/h$，对应能量的峰值 $E_\mathrm{peak} = hf_\mathrm{peak} \approx 2.8k_\mathrm{B}T$。也就是说，光子辐射的总能量由 $k_\mathrm{B}T$ 量级的光子支配。事实上，这个分布中光子的平均能量是 $E_\mathrm{mean} \approx 3k_\mathrm{B}T$。

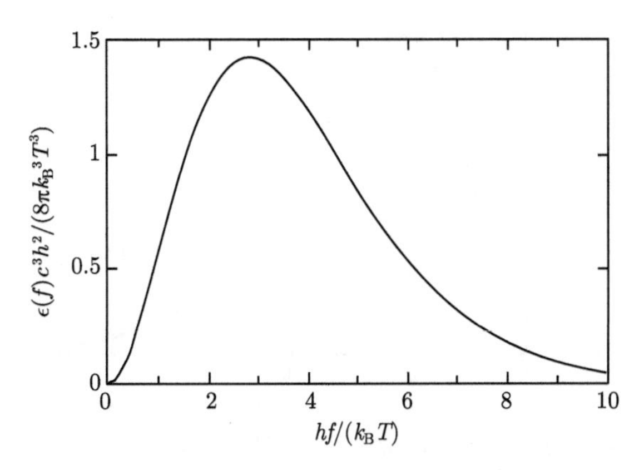

图 6.2 黑体谱的能量密度分布。大部分的能量由能量为 $hf \sim k_\mathrm{B}T$ 的光子贡献

当研究宇宙的早期历史时会遇到一个重要的问题：这种典型的能量如何与原子能和核结合能相比较？

另一个值得关注的量是黑体辐射的总能量密度，通过对所有频率上的方程（6.2）进行积分得到，设 $y = hf/(k_{\rm B}T)$ 可以得到

$$\epsilon_\gamma = \frac{8\pi k_{\rm B}^4}{h^3c^3}T^4 \times \int_0^\infty \frac{y^3{\rm d}y}{{\rm e}^y - 1} \tag{6.3}$$

这个积分比较不容易计算，结果为 $\pi^4/15$，最终给出辐射的能量密度为

$$\epsilon_\gamma = \alpha T^4 \tag{6.4}$$

式中黑体辐射常数 α 定义为

$$\alpha = \frac{\pi^2 k_{\rm B}^4}{15\hbar^3c^3} = 7.565 \times 10^{-16}{\rm J\cdot m^{-3}\cdot K^{-4}} \tag{6.5}$$

其中 $\hbar = h/(2\pi)$ 是简化的普朗克常数。

6.2　微波背景的性质

对宇宙大爆炸/稳恒态宇宙的辩论影响最大并支持前者的观测是 1965 年宇宙微波背景辐射的探测。这种辐射来自四面八方，目前已知其准确地呈现出黑体的辐射形状，温度为 $T_0 = T_{\rm CMB} = (2.725 \pm 0.001){\rm K}$（如图 6.3 所示）。

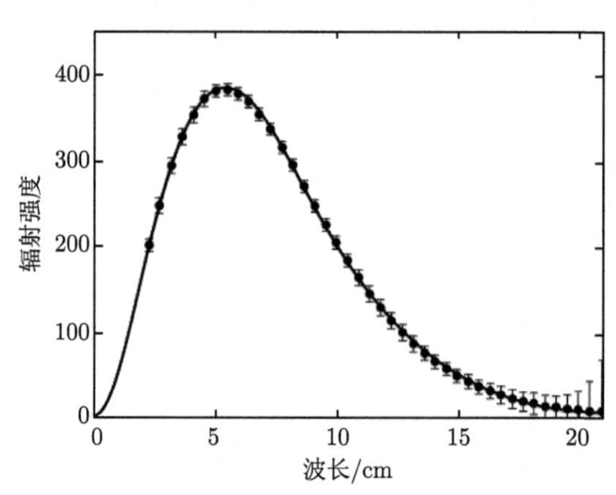

图 6.3　COBE 卫星上 FIRAS 实验测量的宇宙微波背景谱（来自 COBE 卫星发布结果）。误差棒非常小，为了显示清楚，乘以了 400。实线是 $T_0 = 2.725{\rm K}$ 的黑体谱，与观测拟合得极好

首先，计算出这些辐射与临界密度相比对应的能量密度。通过对黑体分布的能量密度积分得到在温度为 T 时的总辐射能量密度 ϵ_γ，即公式（6.4）：

$$\epsilon_\gamma \equiv \rho_\gamma c^2 = \alpha T^4 \tag{6.6}$$

它在观测到的温度 T_0 下估算出今天的辐射能量密度为 $\epsilon_\gamma(t_0)=4.17\times10^{-14}\mathrm{J\cdot m^{-3}}$，它除以 c^2 使能量密度转换为质量密度 ρ_γ，再除以在 4.3.3 节中算出的今天的临界密度 $\rho_{\mathrm{c}}(t_0)$ 之值便可得到今天的光子辐射密度参量

$$\Omega_\gamma = 2.47\times10^{-5}h^{-2} \tag{6.7}$$

因此，微波背景的辐射（实际上主导所有波长辐射的能量密度）是临界密度的一小部分，但不能完全忽略。然而，这比目前在恒星等中看到的密度参量要小得多，即使没有进一步考虑到宇宙中的大多数物质被认为是暗物质的情况。

然而，在 4.3.3 节中已经知道辐射密度随宇宙膨胀的演化规律

$$\rho_\gamma \propto \frac{1}{a^4} \tag{6.8}$$

结合 $\rho_\gamma \propto T^4$，得到关键公式

$$T \propto \frac{1}{a} \tag{6.9}$$

它意味着宇宙随膨胀变冷。由于今天温度是 3K 左右，这意味着，宇宙在更早期一定更热。事实上，考虑宇宙过去越久远，宇宙越小，在这样的早期阶段一定很热。

如果温度随宇宙的演化而改变，那么热分布也必须随之变化。黑体分布的能量密度方程（6.2）式具有一个特殊性质（如图 6.4 所示）。随着宇宙的膨胀，频率 f 以

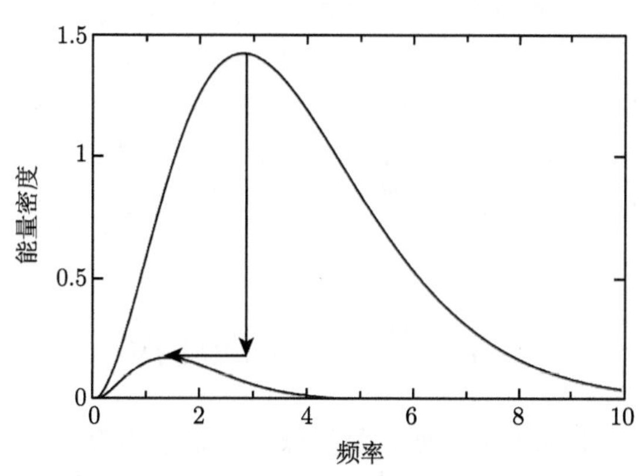

图 6.4　黑体谱随着宇宙膨胀的演化。膨胀降低了光子数密度，而红移降低了它们的频率。这两种效应结合起来使光谱降低成一个新的低温黑体谱

$1/a$ 比例减小，但黑体形式在较低的温度下保持不变，$T_{\text{final}} = T_{\text{initial}} \times a_{\text{initial}}/a_{\text{final}}$。这有两个原因：首先，分母只是 f/T 的函数，而不是分别与 f 和 T 有关的函数，所以 f 的减小可以被 T 等效率地减少所抵消；其次，分子中的 f^3 反比于体积，对应于宇宙膨胀时光子数密度的演化。所以当宇宙膨胀并冷却时，光子分布继续对应于热分布，但是温度越来越低。因此，只要在早期相互作用频繁足以建立热分布，它将会保持下去，即使在后期粒子相互作用变得不频繁。

6.3 光子与重子的比率

4.4 节中已经知道，宇宙中的粒子不能简单地消失，那么只要相互作用可以忽略不计，粒子的数密度就简单地反比于体积，即 $n \propto 1/a^3$。这对于质子和中子都成立，它们统称为重子，以及构成微波背景的光子都是如此。因此，光子数与重子数之比是一个常数，随宇宙膨胀而保持不变。每个重子有多少光子？

如前所述，微波背景今天的辐射能量密度为 $\epsilon_\gamma(t_0) = 4.17 \times 10^{-14}\text{J} \cdot \text{m}^{-3}$，并且光子在热分布中温度 T_0 =2.725K 的典型平均能量是

$$E_{\text{mean}} \approx 3k_{\text{B}}T = 7.0 \times 10^{-4}\text{eV} \tag{6.10}$$

将电子伏特转换成焦耳，并将能量密度除以平均能量，我们发现今天的光子数密度为

$$n_\gamma = 3.7 \times 10^8\text{m}^{-3} \tag{6.11}$$

每立方米有近十亿微波背景辐射的光子！

现在我们需要把它与重子的数密度进行比较。一个强有力的限制来自于核合成（见第 8 章）。重子的密度参量的限制结果是 $\Omega_{\text{B}} \approx 0.023h^{-2}$，用临界密度把它转换成能量密度，得到 $\epsilon_{\text{B}} = \rho_{\text{B}}c^2 = \Omega_{\text{B}}\rho_{\text{c}}c^2 \approx 3.9 \times 10^{-11}\text{J} \cdot \text{m}^{-3}$。因此重子的能量密度比辐射密度大了近一千倍，但是单个重子有更多的质量–能量，质子和中子的静止质量约为 939MeV。我们得到 $n_{\text{B}} = 0.26\text{m}^{-3}$。尽管重子的总能量密度大大超过辐射中的总能量密度，但光子的数量远远超过重子。事实上，每一个重子大约对应 1.7×10^9 个光子。

6.4 微波背景的起源

微波背景辐射的起源的关键要素是氢原子的最小电离能（如图 6.5 所示）。如果一个电子进入基态，那么需要释放 13.6eV 的能量。反之，如果电子处于基态，则激发它需要 13.6eV 的能量。至少需要 10.2eV 才能将其激发到第一激发态，进

一步需要 3.4eV 把它电离。只要宇宙足够热，光子就很容易拥有这种能量，并且能够使氢完全电离。

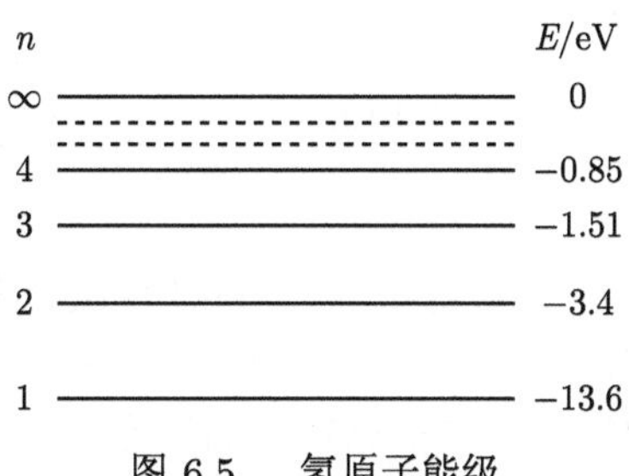

图 6.5　氢原子能级

考虑一个合适的早期，比如宇宙是其当前大小的百万分之一。那时的温度大约是 3000000 K。这样的温度足够高，以至于光子在热分布中的典型能量远大于氢原子的电离能，因此原子在那个时代是不可能存在的：任何试图与质子结合的电子都会立刻被光子碰撞弹开。当时的宇宙是游离的原子核和电子的海洋，因为光子与自由电子（通过汤姆孙散射）强烈地相互作用，任何光子的平均自由程都很短（大约为 $1/(n_{\rm e}\sigma_{\rm e})$，其中 $n_{\rm e}$ 表示电子数密度，$\sigma_{\rm e}$ 表示汤姆孙散射截面）。因此，宇宙犹如一个频繁碰撞的粒子的海洋，形成一个电离的等离子体。这种情况其实并不是很少见；那个宇宙的物质密度是非常低的，比水的密度要低得多，而且很容易把气体加热，直到它变成等离子体。

当宇宙膨胀并冷却下来时，光子损失能量，越来越不能电离任何形成的原子。这种情况正符合光电效应，波长较长的光子虽然数量多，但是不能将电子从金属原子中电离。最终，所有的电子都进入了基态，光子与它们不能再进行相互作用。在很短的时间内，宇宙突然从不透明切换到完全透明。然后，光子能够畅通无阻地穿行于宇宙演化的整个剩余阶段。这个过程被称为退耦。

微波背景形成的最简单的估计是光子平均能量与电离能相等。黑体分布在温度 T 下的光子平均能量为 $E \sim 3k_{\rm B}T$。如果这个过程是有效的，由于 $k_{\rm B} = 8.62 \times 10^5 {\rm eV \cdot K^{-1}}$，微波背景形成时的温度为

$$T \approx \frac{13.6{\rm eV}}{3k_{\rm B}} = 50000{\rm K} \tag{6.12}$$

其实，这个估计是不太完善的，因为我们没有考虑到 6.3 节中的发现，宇宙中的光子比电子多得多，大约多出 10^9 倍。因此，即使光子平均能量降到 13.6eV 以下，仍有分布于尾端的高能光子能够电离形成的任何原子（公式 (6.1) 和图 6.1)。

退耦温度的精确计算需要大量的物理学知识，但是我们至少可以用玻尔兹曼抑制因子估算其数量级，假设只需要一个原子对应一个电离光子来保持宇宙被电

离。高能光子使电子从原子中电离出去，然后所有剩余的光子可以与产生的自由电子相互作用。在其最原始的形式中，玻尔兹曼抑制告诉我们，能量超过 I 的光子的比例近似由 $\exp(-I/(k_{\mathrm{B}}T))$ 给出，从而得到表达式

$$T_{\mathrm{dec}}=\frac{13.6\mathrm{eV}}{k_{\mathrm{B}}\ln(1.7\times10^{9})}\approx7400\mathrm{K} \tag{6.13}$$

我们实际上可以通过对光子分布函数公式（6.1）积分来得到更好的结果，公式（6.1）表征了玻尔兹曼抑制的重要前因子，将估计值减小到 5700K（见习题 6.3）。这实际上相当接近正确的答案，宇宙退耦时的温度大约 3000K，这个温度被称为退耦温度。

将其与当前温度比较，考虑到 $T\propto1/a$，可以得到退耦发生在宇宙是现在大小约千分之一的时刻，现在归一化 $a(t_0)=1$，a_{dec} 约等于 1/1000。

因此，微波背景辐射精确地以热分布的形式给出的理由是，宇宙在宇宙温度比现在高很多的时期，处于高度相互作用的热状态。宇宙膨胀并冷却，依然保持黑体辐射的形式。因此，热大爆炸理论对这一关键观测给出了一个简单的解释。在稳恒态理论中，所有的辐射都假定应该来自恒星，因此是高频率的，不是完美的黑体辐射；必须求助于热机制，它在不久以前设法将其热化为低频辐射，使我们能够看到远处的天体。

由于退耦发生在宇宙大小只有现在大约千分之一的时候，而光子从那时起一直畅通无阻地穿行并奔向我们的星系，因此它们来自非常遥远的距离。事实上，这是一个接近可观测宇宙大小的距离。如图 6.6 所示，我们看到的光子源于以我们为中心的一个非常大的球面上，被称为最后散射面，它的半径的数量级是 $6000\mathrm{Mpc}\cdot h^{-1}$（参见习题 6.7）。每一点都有光子产生，在宇宙的不同地方的观测者将看到光子来自以他们自己为中心的相同半径的不同大球面。

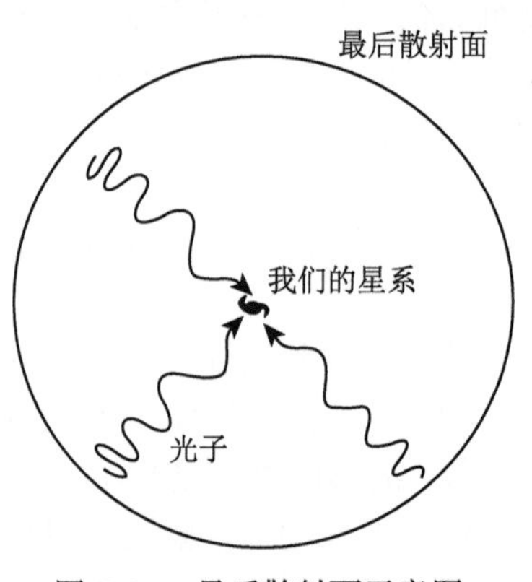

图 6.6　最后散射面示意图

当光子从最后散射面出发时，其温度约为 3000K，它们的频率比现在高得多，所以那时的辐射不在微波波段。我们将在第 8 章看到，宇宙在那个时候的年龄约为 350000 年。随着光子的穿行，宇宙膨胀，光子维持热辐射形式，温度渐渐降低，直到稍低于 3K 时被地球上的人类探测到。此时，它们的电磁频谱已经红移到微波。

习 题

6.1 氢原子中电子的结合能为 13.6eV。光子具有这种能量的频率是多少？在什么温度下，光子的平均能量等于这个能量？

6.2 在 $f_{\rm peak} \approx 2.8k_{\rm B}T/h$ 时的能量分布的峰值意味着 $f_{\rm peak}/T$ 是一个常数。用国际单位来计算这个常数。

（1）太阳辐射近似为 $T_{\rm sun} \approx 5800{\rm K}$ 的黑体辐射，计算其 $f_{\rm peak}$。在电磁频谱中，峰值发射在哪里（如可见光或者红外等)？

（2）宇宙微波背景是在 2.725K 的温度下的黑体光谱，重新计算上述问题。确认发射峰位于电磁频谱的微波部分，并且计算微波背景的总能量密度。

6.3 普朗克函数的积分表明，如果 $I \gg k_{\rm B}T$，能量大于 I 的光子的比例为 $\dfrac{n(>I)}{n} \approx \left(\dfrac{1}{k_{\rm B}T}\right)^2 \exp\left(-\dfrac{I}{k_{\rm B}T}\right)$，无论是数值计算还是迭代计算，求每个重子有一个电离光子的温度。

6.4 如果微波背景的温度是 3K，为什么微波炉把食物加热而不是冷却呢？此外，如果微波不能与原子相互作用，因为它们没有足够的能量将电子能级提高，那么微波炉如何加热食物呢？

6.5 辐射的能量密度 ϵ_γ 与温度的关系式是 $\epsilon_\gamma \equiv \rho_\gamma c^2 = \alpha T^4$。

（1）利用弗里德曼方程和辐射主导的解 $a(t) \propto t^{1/2}$ 计算宇宙在 1s 的温度。

（2）当时对应的质量密度是多少？

（3）把它和水比较一下。当宇宙的密度与水的密度相匹配时，宇宙有多大？

6.6 假设我们生活在一个封闭的宇宙中（$k > 0$），在未来的某个时候宇宙将坍缩回去。宇宙经历了它的最大尺度，然后又缩小到现在的尺度时，温度会是多少？

6.7 宇宙中目前的电子数密度与质子数密度相同，约为 $0.2{\rm m}^{-3}$。

（1）考虑微波背景形成之前很久的一个时刻，那时标度因子是其现值的百万分之一，那么电子的数密度是多少？假设电子的质量–能量是 0.511MeV，电子那时是相对论的还是非相对论的？

（2）光子对电子散射的横截面为汤姆孙横截面 $\sigma_{\rm e} = 6.7 \times 10^{-29}{\rm m}^2$。假设光子通过数密度为 $n_{\rm e}$ 的电子气体的平均自由程（即相互作用之间的典型距离）为 $\lambda_{\rm MFP} \approx 1/(n_{\rm e}\sigma_{\rm e})$，当标度因子为其当前值的百万分之一时，计算光子的平均自由程。

（3）根据平均自由程，计算相互作用之间的典型时间，光速为 $3 \times 10^8{\rm m \cdot s^{-1}}$。将相互作用时间与当时宇宙的年龄进行比较，大约为 10000 年。比较的意义是什么？

6.8 给定临界密度，用宇宙年龄来估计最后散射面的半径。为什么这会低估真实值？假设一个典型星系的质量为 $10^{11}M_\odot$，临界密度 $\rho_{\rm c}(t_0) = 2.78 \times 10^{11}M_\odot/({\rm Mpc \cdot h^{-1}})^3$，估计可观测宇宙中的星系数量。

6.9　假设宇宙是由临界密度支配的物质主导，因此 $a(t) \propto t^{2/3}$。哈勃常数为 $100\text{km}\cdot\text{s}^{-1}\cdot\text{Mpc}^{-1} \propto 10^{-10}\text{yr}^{-1}$ 。哈勃时间 H^{-1} 相当精确地给出了宇宙的年龄。

（1）假设光速为 $3\times10^{-7}\text{Mpc}\cdot\text{yr}^{-1}$，估计自大爆炸以来，光能传播多远。

（2）计算宇宙微波背景辐射光子退耦时的哈勃参量。

（3）光子在退耦之前能走多远？

（4）在退耦和现在之间，光在退耦之前的传播距离已经被随后的膨胀所拉长。今天它的物理大小是多少？

（5）假设到微波背景原点的距离，也就是最后一个散射面，由问题（1）的回答给出，那么光在退耦之前可能经过的距离所对应的角度是多少？这个角度的物理意义是什么？

第 7 章　宇宙中微子

近年来的实验证据表明，中微子必须具有非零的静止质量。对来自太阳并与地球大气发生相互作用的中微子，以及在地球上由核反应产生的中微子的研究都表明，中微子在行进传播过程中具有改变其类型的能力。这种现象被称为中微子振荡，例如电子中微子可以在振荡回其原来的类型之前暂时变成 μ 子中微子。这种现象可以用粒子物理模型解释，但只有当中微子静止质量不为零时才成立。现在有足够的证据表明，非零静止质量应该作为研究工作的前提。

根据以上实验，假设通常有三种中微子，其中最重的中微子的质量–能量至少应为 $m_\nu c^2 = 0.05\text{eV}$。宇宙学观测正接近这样的灵敏度，甚至对这个最小质量产生的影响也可以区分识别。尽管如此，宇宙学家们是否应该在自己的模型中考虑中微子质量也不能一概而论，因为中微子的质量太小以至于在某些问题中它所产生的影响可以忽略。本章的目的是研究中微子的质量效应，并评估它在其中能够发挥重要作用的宇宙学环境。

7.1　无质量的情况

为了研究中微子的质量效应，并判断其是否重要，我们首先需要更好地理解其无质量情况。本节的目的是推导宇宙中微子今天的密度参量 Ω_ν，以便研究它在什么情况下成立。

我们期望存在中微子背景的原因是，在早期宇宙中密度足够高，中微子可以相互作用，它们可以通过如下相互作用产生：

$$
\begin{aligned}
\mathrm{p} + \mathrm{e}^- &\longleftrightarrow \mathrm{n} + \nu_\mathrm{e} \\
\gamma + \gamma &\longleftrightarrow \nu_\mu + \bar{\nu}_\mu
\end{aligned}
\tag{7.1}
$$

在足够早期，这些相互作用确保了中微子与其他粒子，特别是光子处于热平衡。如果中微子具有与光子相同的属性，那么故事到此结束了；由于中微子有三种类型，光子有一种类型，我们可以简单地预言 $\Omega_\nu = 3\Omega_\gamma$。但是这种简单的估计是错误的，原因有两个：① 中微子是费米子，而光子是玻色子；② 中微子具有不同的相互作用的性质。

我们知道，费米–狄拉克分布与玻色–爱因斯坦分布也就是公式（6.1）$N = \dfrac{1}{\exp(hf/(k_{\mathrm{B}}T)) - 1}$ 非常相似，但是分母由正号变为负号，如下两式：

$$f_{\mathrm{FD}} = \frac{1}{\mathrm{e}^{(E-\mu)/T} + 1} \tag{7.2}$$

和

$$f_{\mathrm{BE}} = \frac{1}{\mathrm{e}^{(E-\mu)/T} - 1} \tag{7.3}$$

正因为如此，费米子在给定温度下的状态占有数 N 较小，尽管这种差异只在低频下才显著。为了弄清楚到底小多少，我们必须做类似于方程（6.3）的积分，得到总能量密度，结果发现它是光子的 7/8 倍。

光子和中微子性质之间的微小差别在于它们的退耦时间不同。在第 6 章，我们知道光子在 $T \sim 3000\mathrm{K}$ 时（即退耦）停止相互作用，但中微子相互作用更弱，因此在更高的温度就退耦了。退耦时间可以通过比较中微子相互作用率与宇宙膨胀率来估计，如果前者占优势，那么热平衡得以维持，但如果是后者占主导地位，那么相互作用速度太慢不足以维持热平衡，可以忽略不计。弱相互作用截面给出了相关的相互作用速率，并且可以证明（参见习题 7.1），在 $k_{\mathrm{B}}T > 1\mathrm{MeV}$ 时，相互作用速率超过膨胀率；一旦宇宙低于这个温度，中微子就会停止相互作用。

这个意义在于，该温度大于电子、正电子和光子处于热平衡状态的能量；因为电子的静止质量–能量为 0.511MeV 时，只要典型的光子能量高于这个能量，电子–正电子对就很容易通过下列反应产生（和破坏）

$$\gamma + \gamma \longleftrightarrow \mathrm{e}^{+} + \mathrm{e}^{-} \tag{7.4}$$

因此在 $k_{\mathrm{B}}T$ 约等于 1MeV 时，我们期望电子和正电子与光子的数密度基本相同。一旦温度进一步下降，光子不再有足够多的能量来产生正负电子对，上述反应只能向左方向进行，正负电子对湮灭产生更多的光子。相应的电子和正电子湮灭成中微子的截面要小得多，所以湮灭有助于产生更多额外的光子而不是中微子，因为没有机制将多余的能量转移给中微子。

一旦正负电子对湮灭创造了新的光子，这些光子之间就迅速进行热平衡过程，提高光子相对于中微子的温度。事实证明，衰变是在恒定熵下发生的，因此这可以用来证明温度上升的不寻常因子为 $\sqrt[3]{11/4}$（见习题 7.2）。我们知道现在光子的温度是 2.725K，因此预言现在中微子的温度为

$$T_{\nu} = \sqrt[3]{\frac{4}{11}}T = 1.95\mathrm{K} \tag{7.5}$$

综上所述并考虑能量密度与温度的四次方成正比，即 $\rho_\gamma c^2 = \alpha T^4$，最终可以得到

$$\Omega_\nu = 3 \times \frac{7}{8} \times \left(\frac{4}{11}\right)^{4/3} \Omega_\gamma = 0.68\Omega_\gamma = 1.68 \times 10^{-5} h^{-2} \tag{7.6}$$

此式有效的条件是中微子是相对论粒子种类，即它们的静止质量–能量相对于其动能可以忽略不计。每个中微子粒子的动能 $3k_\mathrm{B}T_\nu$ 约为 $5\times10^{-4}\mathrm{eV}$。因此，只有当所有三种中微子的质量都小于这个值时，上述中微子能量密度的计算才是有效的。如果质量超过这个值，中微子到目前为止将是非相对论性的，下面我们将会对这一点进行说明。

7.2 有质量中微子

当中微子质量–能量大于 $5\times10^{-4}\mathrm{eV}$ 时，它在今天将会产生重要的影响，但在宇宙的早期历史中，那时中微子的热能更高，它才能发挥重要作用。尤其，我们可以根据中微子质量–能量在其退耦时是否可以忽略不计，区分以下两种情况。

(1) **轻中微子**。中微子退耦时，热能 $k_\mathrm{B}T$ 约等于 1MeV。如果中微子的质量–能量远小于该值，那它在退耦时期并不重要，退耦时期决定了中微子的数密度。我们把这类中微子称为轻中微子。

在轻中微子的情况下，中微子的宇宙学密度公式是很容易得到的。中微子的数量与零质量的情况一样，但是，它们的质量–能量不再是动能 $5\times10^{-4}\mathrm{eV}$，而是由它们的静止质量–能量 $m_\nu c^2$ 决定。如果只考虑一种类型的中微子，那么相应的能量密度为

$$\Omega_\nu = \frac{1.68\times10^{-5}h^{-2}}{3}\frac{m_\nu c^2}{5\times10^{-4}\mathrm{eV}} = \frac{m_\nu c^2}{94h^2\mathrm{eV}} \tag{7.7}$$

对于所有的中微子都有质量的情况，上式可写为

$$\Omega_\nu = \frac{\sum m_\nu c^2}{94h^2\mathrm{eV}} \tag{7.8}$$

其中，求和号代表对 $m_\nu c^2 \ll 1\mathrm{MeV}$ 的所有中微子进行求和。

可以看出，这类轻中微子能够很容易地提供观测到的暗物质密度 Ω_DM 约等于 0.3。取 $h = 0.72$，中微子的质量–能量 $m_\nu c^2 \sim 14\mathrm{eV}$。这超过了目前电子中微子的实验极限，但是对于其他两类中微子可以接受。然而，事实上这类中微子并不被认为是一种好的暗物质候选者，因为它直到宇宙演化的相当晚期一直是相对论性的（参见习题 7.3），这阻碍了星系的形成。

公式 (7.8) 是一个对中微子特性的强有力限制。因为我们不相信物质密度超过临界密度，所以稳定的中微子的质量范围不可能从 $90h^2$eV 一直到 1MeV，尽管计算是有效的（下面将探讨更高质量的情况）。如果证明这样的中微子是不稳定的，那么它们可能被允许存在，这将具体取决于衰变产物的性质。我们已经看到，如果 Ω_0 最初等于 1，即 $\Omega_\Lambda = \Omega_k = 0$，那么不论有多少中微子形成，之后它始终保持为 1。更准确的说法应该是计算中微子密度与光子密度的比值，结合总密度不得超过 1 且光子密度具有其观测值的要求，对中微子的质量施加一个限制。

(2) **重中微子**。如果中微子质量超过 1MeV，则中微子密度的计算需要进一步修正，我们把超过 1MeV 的中微子称为重中微子。在这种情况下，中微子退耦时，它的质能已经高于热能，中微子的数密度被抑制，最重要的一项是玻尔兹曼分布中的指数衰减项 $\exp(-m_\nu c^2/(k_\mathrm{B}T))$ ，称为抑制因子。中微子质量越高，这种抑制作用越强有效，因此，当数密度的指数抑制克服了每个粒子的额外质量时，预测的中微子质量密度开始下降。也就是说，预测中微子质量密度开始以指数形式下降。详细的计算表明，一旦 $m_\nu c^2$ 达到 1GeV 左右，预测的中微子密度参量会再次降至 $\Omega_\nu \sim 1$; 因此，这一分析将前面讨论的中微子的质量–能量范围扩大到了 1GeV。因此 $m_\nu c^2$ 约等于 1GeV 的重中微子是宇宙中暗物质的另一个候选者，但是它们在极早期就变为非相对论性的，所以是冷暗物质候选者。这是我们非常希望的成功的结构形成原因，但不幸的是，所有三种已知类型的中微子的实验极限都远低于 1GeV。因此，只有一些新型中微子，或许具有非常规的相互作用，才能发挥这个作用。

中微子和结构形成

中微子与普通物质相互作用的截面依赖于中微子的动量（参见习题 7.1），预测的宇宙中微子极低动量意味着它们无法被任何现有或计划的探测器探测到。然而，通过宇宙中微子对结构形成的影响，应该可以间接验证其存在。在中微子退耦和光子退耦之间，这两种粒子有非常不同的性质，前者可自由穿行，后者仍然与重子物质进行强烈的相互作用。

在轻中微子的质量足以对暗物质密度的贡献显著的情况下，已经有很强的约束。这些中微子对应于热暗物质，这意味着粒子虽然现在是非相对论性的，但是当它们是相对论性情况下已经穿行了很长的距离（参见习题 7.3)。这与结构的形成相反，并且可以阻止星系的形成，因此纯热暗物质已经被观测强烈地排除了。

相对论性的中微子（作为辐射成分）在早期宇宙中也有着重要的作用。最重要的是，在核合成时期，中微子背景的存在对预言正确的元素丰度显得很重要。然而理论预言其对结构形成有影响。如果中微子被忽略，4.3.4 节和第 8 章得到的公式 $a = a_\mathrm{eq} = \dfrac{1}{24000\Omega_M h^2}$ 中计算得到的物质辐射相等时刻将会是不同的，这个时期赋予了星系团的特征尺度。中微子背景在预测宇宙微波背景辐射结构中也起了重要作用，如果中微子不存在，将得到不同的结果。这些观测结果有力地支持了宇宙中微子背景在预期水平上的存在。

此外，宇宙大尺度结构是测量中微子质量和判定中微子质量顺序的重要手段，其关键问题在于精确计算中微子对大尺度结构的影响以及精准的测量方法。目前 N-Body 数值模拟是研究宇宙晚期非线性尺度最有效的方法。

中微子由于其速度相对于暗物质而言较高, 因此会通过自由穿梭效应压低小尺度的结构形成，即压低其功率谱，不同质量的中微子的压低程度也不同。中微子的宇宙学效应要求在暗物质存在条件下精确计算其非线性结构演化和功率谱，并且需要利用极大数目的粒子进行模拟以压低中微子分布的泊松噪声，以达到区分不同质量的中微子的微小宇宙学效应的目的，这要求计算机能够承受巨大的内存消耗和计算量。“天河二号”超算以其 5.49 亿亿次/秒的峰值浮点运算速度、1.4PB 内存的高性能, 曾经连续 6 次登上全球超算 500 强榜首，其超快的计算速度和巨大内存能够克服上述数值模拟计算上的困难。

本书作者团队作为核心团队与加拿大 CITA、北京大学、中科院国家天文台和高能所以及“天河二号”超算团队合作，利用 CUBEP^{3}M 程序，在“天河二号”超算上开展了中微子数值模拟研究，旨在为在宇宙学观测上限制中微子质量顺序及其绝对质量提供理论依据。2015 年团队启用了“天河二号”全系统（16000）的 14000 个节点，累计 CPU 计算时间 96 小时，成功地运行了暗物质和暗物质 + 中微子（质量 $m = 0.05\text{eV}$）两组世界上粒子数最高的 3 万亿（trillion）粒子的数值模拟，创造了新的世界纪录（如图 7.1 所示）。数值模拟生成共计约 2PB 的数据量。经过对数据一年多的处理和分析，团队首次发现了以往任何宇宙学数值模拟测量不到的宇宙结构的中微子微分凝聚（differential neutrino condensation）效应: 中微子质量可以通过对比宇宙中含有不同中微子丰度（即本地中微子与暗物

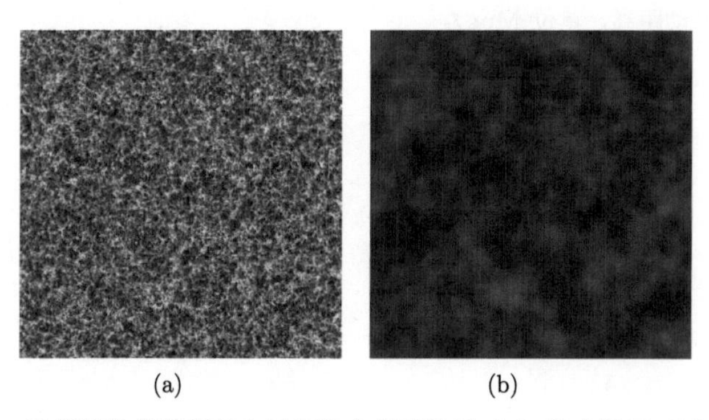

(a) (b)

图 7.1 计算机数值模拟的今天宇宙中的暗物质（a）和中微子（b）分布图

质密度比）的区域中星系的特性来测量。相对于“贫”中微子区域，在“富”中微子区域，更多的中微子被大质量暗物质晕俘获，这种凝聚效应导致暗物质晕的质量函数的扭曲，最终导致星系的特性发生变化。因此这种凝聚效应在当今和将来的宇宙学观测中开辟了一条独立测量中微子质量的道路。

习　题

7.1　中微子的退耦温度可以通过比较宇宙的典型相互作用速率和膨胀速率 H（哈勃参量）来估计。弱相互作用的横截面取决于动量（因此也取决于温度），由 $\sigma \approx G_{\mathrm{F}}^2 p^2$ 给出，其中 p 是动量，费米常数 $G_{\mathrm{F}} = 1.17 \times 10^{-5}\mathrm{GeV}^{-2}$。为了简单起见，令 $c = \hbar = 1$。如果要包含它们，则需要在右侧乘以一个项 $(\hbar c)^{-4}$。

假设中微子是高度相对论性的，用温度来写，取特征能量为 $k_{\mathrm{B}}T$。当 $c = \hbar = 1$ 时，相对论物质种类的数密度为 $n \approx k_{\mathrm{B}}^3 T^3$。对于我们感兴趣的系数中的温度恰好接近于单位 1，弗里德曼方程可以近似为 $H^2 = \dfrac{k_{\mathrm{B}}^4 T^4}{(10^{19}\mathrm{GeV})^2}$。

求中微子相互作用速率的表达式，并证明 $\dfrac{\Gamma}{H} \approx \left(\dfrac{k_{\mathrm{B}}T}{1\mathrm{MeV}}\right)^3$，此式证实了中微子的退耦温度约为 1MeV。

7.2　在相对论性粒子的海洋中，温度为 T 下的熵密度为 $s = \dfrac{2\pi^2}{45} g_* T^3$，式中，$g_*$ 是粒子自由度的个数，基本常数设为 1。费米子对这个和的贡献是每个自由度 7/8，玻色子是 1。光子有两个自由度（偏振态），每个电子和正电子都有两个状态（自旋向上和自旋向下）。如果电子–正电子湮灭发生在恒定熵下，并且只产生光子，证明光子温度相对于中微子温度升高了一个因子 $\sqrt[3]{11/4}$。

7.3　通过考虑中微子热能 $3k_{\mathrm{B}}T$ 与其质量能的比值，

（1）推导大质量中微子第一次变为非相对论性红移的近似公式；

（2）对于质量–能量 $m_\nu = 10\mathrm{eV}$ 的热暗物质候选者的中微子情况，估算这个红移；

（3）利用第 8 章方程（8.14）$\left(\dfrac{1\mathrm{s}}{t}\right)^{1/2} \approx \dfrac{T}{1.3 \times 10^{10}\mathrm{K}} = \dfrac{k_{\mathrm{B}}T}{1.1\mathrm{MeV}}$，估计中微子在相对论运动时的距离（共动距离，单位 Mpc）。

第 8 章　早 期 宇 宙

在前面章节我们介绍了中晚期宇宙的动力学和运动学的标准宇宙学的基本理论。宇宙当前之所以存在各种物质成分，源于早期宇宙的物理过程和物理条件，它们也会随着膨胀宇宙的演化而变化。因此我们需要理解宇宙中各种物理过程（或者事件）发生的热历史条件，以及在此条件下各种元素和重子的产生机制。

8.1　热　历　史

基于前面章节中对宇宙中各种辐射成分的行为的理解，我们现在可以考虑研究宇宙的整个热历史。最好的方法是从宇宙当前时刻往回追溯，即向着宇宙早期方向让时钟倒转、时光倒流，来看看我们对宇宙能理解多深多远。

当前时刻密度参量　就当今宇宙学观测水平而言，目前我们对宇宙的组成部分的了解至少达到宇宙学参量如哈勃常数 h 的不确定性。宇宙中相对论性粒子有两个种类，即光子和中微子。我们已经发现光子今天的密度参量为 $\Omega_\gamma = 2.47 \times 10^{-5}h^{-2}$。中微子则存在更大的挑战，因为中微子极其难以探测。例如，探测光学波段像太阳这么明亮的中微子则需要精密的地下实验，涉及大量的实验材料罐。热宇宙中微子背景的直接探测目前已经超出我们现有探测技术水平几个量级，必须求助于纯粹的理论依据。

就宇宙学而言，一般把中微子假定为无质量的粒子。事实上，现在大量的实验证据表明，中微子是有质量的，尽管目前尚不清楚其质量是否大到足以产生宇宙学效应。在无质量假设下，理论给出了现在的中微子密度参量：

$$\Omega_\nu = 3 \times \frac{7}{8} \times \left(\frac{4}{11}\right)^{4/3} \Omega_\gamma = 0.68\Omega_\gamma = 1.68 \times 10^{-5}h^{-2} \tag{8.1}$$

宇宙中微子背景的能量密度与宇宙微波背景辐射的类似：

$$\rho_\nu = 3 \times \frac{7}{8} \times \left(\frac{4}{11}\right)^{4/3} \rho_\gamma \tag{8.2}$$

光子和中微子密度参量相加给出了宇宙中完整的相对论性粒子的密度参量：

$$\Omega_R = 4.15 \times 10^{-5}h^{-2} \tag{8.3}$$

因为它远低于观测到的今天宇宙中物质的密度参量，所以目前宇宙中大部分的物质是非相对论性的。今天非相对论性的物质密度参量是 Ω_M，大约等于 0.3。

退耦时刻密度参量 我们知道宇宙中相对论性和非相对论性物质的密度在宇宙膨胀中分别随尺度因子 $1/a^4$ 和 $1/a^3$ 减少（见图 4.10）。

在给定的宇宙任意大小 a、任意时刻 t 或者任意红移 z 处，它们的密度参量比值可以表示为

$$\frac{\Omega_R(a)}{\Omega_M(a)} = \frac{4.15 \times 10^{-5}}{\Omega_M h^2} \frac{1}{a} \tag{8.4}$$

其中比例常数由其今天的取值来固定，并且假设尺度因子 $a(t_0) = 1$。通过这种方法，我们就可以计算相对论性物质和非相对论性物质在任意给定宇宙大小时的比值。例如，在退耦时刻 $a_{\text{dec}} = 1/1000$，此时其比值为

$$\frac{\Omega_R(a_{\text{dec}})}{\Omega_M(a_{\text{dec}})} = \frac{0.04}{\Omega_M h^2} \tag{8.5}$$

除非 $\Omega_0 h^2$ 的值很小，否则在退耦时期将会有更多的非相对论性物质，此刻宇宙处于物质为主时期。

物质辐射相等时刻密度参量 然而，考虑到宇宙较早时期，上述状态不能持续太久。当宇宙标度因子

$$a = a_{\text{eq}} = \frac{1}{24000\Omega_M h^2} \tag{8.6}$$

时，物质密度和辐射密度相等，被称为**物质辐射相等时刻**，也称为**物质辐射转移时刻**（见 4.3.4 节）。在所有比此刻更早的时候，相对论性粒子主宰整个宇宙，宇宙处于辐射主导时期。由于宇宙温度（由宇宙微波背景辐射的温度表征）反比于尺度因子 a，考虑到今天宇宙温度 $T_0 = T_{\text{CMB}} = 2.725\text{K}$，以及 a_{eq} 的值，我们可以得到**物质辐射转移时刻**的宇宙温度：

$$T_{\text{eq}} = \frac{2.725\text{K}}{a_{\text{eq}}} = 66000\Omega_M h^2\text{K} \tag{8.7}$$

宇宙温度和时间关系 假定辐射主导时期和物质主导时期之间的转变是瞬时的，我们可以计算宇宙完整的温度与时间的关系。因为宇宙温度 T 正比于 $1/a$，尺度因子 $a = f(t)$ 在两个时期分别为宇宙时间的不同的函数，因此就可以得出这两个时期的宇宙温度 T 与宇宙时间 t 之间的函数。为了直观地说明问题，我们近似空间曲率 $k = 0$ 和宇宙学常数 $\Lambda = 0$，即使现在存在，但是在早期它们的值也可以忽略。

（1）**物质主导时期**。尺度因子 a 的增长正比于 $t^{2/3}$，因此温度 T 正比于 $t^{-2/3}$。假设宇宙目前是 120 亿年（忽略宇宙学常数 Λ 导致年龄略低）和今天宇宙温度 $T_0 = T_{\mathrm{CMB}} = 2.725\mathrm{K}$ 来确定比例常数，最终给出宇宙温度与时间的关系：

$$\frac{T}{2.725\mathrm{K}} = \left(\frac{4 \times 10^{17}\mathrm{s}}{t}\right)^{2/3} \tag{8.8}$$

这个公式对于温度 $T \leqslant T_{\mathrm{eq}}$ 成立，因此将 T_{eq} 代入式（8.8）进一步可以得出**物质辐射相等时刻**宇宙的年龄为

$$t_{\mathrm{eq}} \approx 1.0 \times 10^{11} \Omega_0^{-3/2} h^{-3}\mathrm{s} \approx 3400 \Omega_0^{-3/2} h^{-3}\mathrm{yr} \tag{8.9}$$

因为退耦时刻发生在**物质辐射相等时刻**之后，因此将 $T_{\mathrm{dec}} = 3000\mathrm{K}$ 代入公式（8.8）得到退耦时刻宇宙的年龄：

$$t_{\mathrm{dec}} \approx 10^{13}\mathrm{s} \approx 350000\mathrm{yr} \tag{8.10}$$

（2）**辐射主导时期**。温度高于 T_{eq} 时，宇宙进入辐射主导时期，标度因子 a 正比于 $t^{1/2}$，温度–时间关系为

$$\frac{T}{T_{\mathrm{eq}}} = \left(\frac{t_{\mathrm{eq}}}{t}\right)^{1/2} \tag{8.11}$$

其中比例常数由**物质辐射相等时刻**的值确定。把 T_{eq} 和 t_{eq} 代入，略掉对 Ω_0 和 h 的弱依赖性进一步给出

$$\left(\frac{1\mathrm{s}}{t}\right)^{1/2} \approx \frac{T}{2 \times 10^{10}\mathrm{K}} = \frac{k_{\mathrm{B}}T}{2\mathrm{MeV}} \tag{8.12}$$

这意味着宇宙年龄是 1s 的时候，温度大约是 $2\times10^{10}\mathrm{K}$，典型的粒子能量约 2MeV。

实际上，在辐射主导时期，我们可以直接从弗里德曼方程得到更精确的结果

$$H^2 = \frac{8\pi G}{3}\rho = \frac{8\pi G}{3} \times 1.68 \times \frac{\alpha T^4}{c^2} \tag{8.13}$$

式中因子 1.68 来自中微子的贡献，并且替换所有常数。辐射主导时期给出 $a \propto t^{1/2}$，因此 $H = 1/(2t)$。最终给出

$$\left(\frac{1\mathrm{s}}{t}\right)^{1/2} \approx \frac{T}{1.3 \times 10^{10}\mathrm{K}} = \frac{k_{\mathrm{B}}T}{1.1\mathrm{MeV}} \tag{8.14}$$

这意味着当宇宙年龄是 1s 时，温度大约是 1.3×10^{10}K，典型的粒子能量大约是 1.1MeV。

图 8.1 给出了假定宇宙学模型参量 $\Omega_M = 0.3$ 和 $h = 0.7$ 下的宇宙温度–时间关系示意图。**辐射主导时期**结束后宇宙进入**物质主导时期**，宇宙膨胀率由 $t^{1/2}$ 变为 $t^{2/3}$，宇宙温度下降变快，宇宙快速冷却。

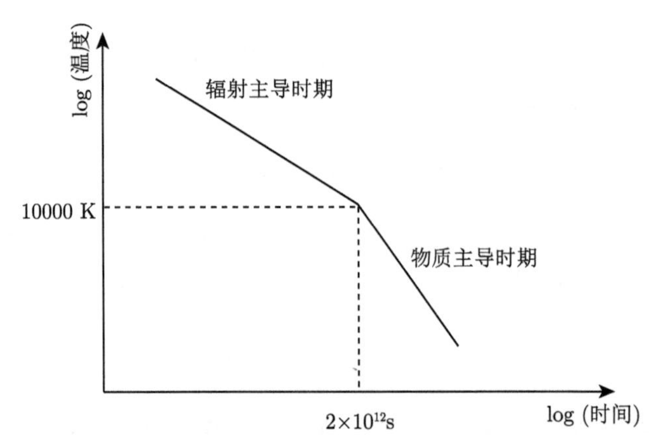

图 8.1　宇宙温度–时间关系示意图，宇宙学模型参量取 $\Omega_M = 0.3$ 和 $h = 0.7$

宇宙早期历史　理解了典型的辐射能量随时间变化的函数能让我们构建起宇宙早期演化历史。让时间倒转、时光倒流，这样宇宙随时间走向早期，变得越来越热。

（1）**退耦时刻**。退耦发生在微波背景辐射形成的时候，它对应于能量足够高的光子最后一次把电子从原子中激发出来的时刻。此时温度 $T_{\rm dec}$ 约为 3000K，远小于 $T_{\rm eq}$，因此退耦几乎肯定发生在物质主导的时期。

（2）**转变时刻**。时间继续倒转，进入更早一点时期，辐射成为宇宙的主导组成部分，即宇宙标度因子 $a < a_{\rm eq}$。从物质主导到辐射主导的转变时刻发生在温度 $T_{\rm eq} = 66000\Omega_M h^2$K。

（3）**核合成前期**。如先前所思考，宇宙曾经变得更热，但是我们必须考虑到在宇宙中额外能量（暴胀时期的标量场）产生显著影响之前的相当早的时期。在温度超过 10^{10}K 的足够早期，典型的光子能量与原子核结合能相当，即 MeV 数量级，此时宇宙年龄为 1s 左右。比这更早的时期，光子能量足够高，可以摧毁原子核，使质子和中子相互分离。所以早于 1s 时期的宇宙是一片质子、中子、电子等的海洋，它们彼此强烈地相互作用。

（4）**夸克 – 强子时期**。时间进一步倒转向更早期，宇宙温度变得更高，这时的情况就不是很清楚了，因为宇宙能量如此之大，以至于物理规律不太为我们所知。

当宇宙温度高达 10^{12}K、年龄为 10^{-4}s 时考虑质子和中子就没有意义了；取而代之的是其组成部分夸克自由漫步于致密的宇宙海洋之中，如同某些分子中不与任何特定的原子核结合在一起的电子一样。夸克首先凝聚成质子和中子的转变称为夸克–强子相变。强子是夸克束缚态的技术术语，以重子（三个夸克）或介子（一个夸克和一个反夸克）呈现。地球上最高的粒子能量是由粒子加速器产生的，约为 100GeV，对应的有效温度约为 10^{15}K，是大爆炸之后 10^{-10}s 的宇宙温度。这是我们地球上能直接证明基本粒子物理行为的最高能量。

（5）**极早期时期**。时间继续倒转进入了极早期宇宙，此时物理定律具有推测性，比如基本力的统一。人们提出了各种可能的宇宙行为，其中一个特别突出的想法是宇宙暴胀。继续向宇宙早期前行就进入了宇宙创生的量子宇宙学时期。

表 8.1 概述了宇宙演化的不同时期发生的物理事件，即宇宙大事年表。注意，我们没有提到暗物质，因为对它知之甚少，但它很可能出现在所有上述这些时代，至少在后期，但是它不能与任何其他事物有显著的相互作用，否则它就不会是暗的。

表 8.1 宇宙演化的不同时期（假定 $\Omega_M = 0.3$，$h = 0.72$）。一些数字是近似的

时间	温度	发生了什么
$t < 10^{-10}$s	$T > 10^{15}$K	推测性地理解宇宙的演化
$10^{-10}\text{s} < t < 10^{-4}$s	$10^{15}\text{K} > T > 10^{12}$K	自由电子、夸克、光子、中微子；所有的粒子彼此强烈地相互作用
$10^{-4}\text{s} < t < 1$s	$10^{12}\text{K} > T > 10^{10}$K	自由电子、质子、中子、光子、中微子；所有的粒子彼此强烈地相互作用
$1\text{s} < t < 10^{12}$s	$10^{10}\text{K} > T > 10000$K	质子和中子已经结合起来形成原子核，因此宇宙此时存在自由电子、原子核、光子、中微子；除了中微子相互作用很弱之外，其他粒子彼此强烈地相互作用；宇宙仍处于辐射主导阶段
$10^{12}\text{s} < t < 10^{13}$s	$10000\text{K} > T > 3000$K	同之前一样，只是宇宙现在是物质主导的阶段
$10^{13}\text{s} < t < t_0$	$3000\text{K} > T > 3$K	现在原子核和电子结合形成原子；光子不再与它们发生相互作用，并且冷却形成今天我们看到的微波背景辐射

习 题

8.1 中微子有三个不同的类型，每个类型都对密度有贡献。宇宙的早期如此炽热和稠密，导致甚至中微子也会充分地相互作用而达到热平衡。中微子温度预计低于光子温度，原因是电子–正电子湮灭，将能量输给光子能量密度，而不是中微子能量密度。这使相对于中微子的光子温度增加一个因子 $\sqrt[3]{11/4}$。

（1）计算 Ω_ν/Ω_γ，假设在这个阶段辐射常数 α 不变。

（2）实际上，中微子的辐射常数比光子低 7/8 倍。其根本原因是中微子服从费米–狄拉克统计，而不是像光子那样服从玻色–爱因斯坦统计；分布函数在分母上有 +1 而不是 −1。据此

修正 Ω_ν/Ω_γ 的估计。

8.2 在 6.3 节我们得到了微波背景中的光子数密度为 $n_\gamma = 3.7 \times 10^8 \mathrm{m}^{-3}$。

（1）假设中微子是无质量的，估计中微子数密度。

（2）估计一下每秒有多少宇宙中微子穿过你的身体。

8.3 太阳核心的温度大约是 10^7K。当宇宙这么热的时候其年龄有多大？当时是物质主导还是辐射主导？在欧洲核子研究中心对撞机上，典型的粒子能量约为 100GeV。当宇宙中典型的粒子能量在这个大小时，宇宙的年龄有多大？此时宇宙的温度是多少？

8.4 估计宇宙在退耦时刻的 Ω_γ，清楚地说明任何假设。

8.2 核合成：轻元素的形成

热大爆炸理论基于三个观测支柱，即哈勃膨胀、微波背景辐射和轻元素丰度。宇宙中元素的丰度提供了在许多方面最引人注目、支持热大爆炸理论的最终证据。历史上人们假定第一代恒星生命开始于氢元素，重元素是在氢燃烧过程中通过核聚变反应产生。后一代恒星在包含第一代恒星制造出来的重元素的气体中形成。虽然该过程确实会产生重元素，但最终人们认识到，所有的轻元素——氘、氦-3、锂，特别是氦-4——不能通过这种方式产生。相反，那些很年轻的恒星的丰度接近非零丰度，它们的生命似乎就始于这些非零丰度的轻元素，它们显然就是形成恒星的原始气体的丰度。那么这些非零丰度的轻元素是否可以用热大爆炸理论进行解释？

元素的形成是以其原子核的形成表征的。原子核的产生过程与在第 6 章中已经研究过的原子过程对应。典型的核结合能约为 1MeV，因此，如果典型光子的能量超过它，那么原子核将立刻解体。这个能量比电子结合能高约 10 万倍，所以相应的温度也以这样的倍数升高。因此，宇宙中原子核的形成发生在宇宙历史的更早期。从宇宙温度–时间关系公式（8.14）中可以看出它发生的时候，宇宙年龄大约为 1s。这个过程被称为**核合成**。

8.2.1 氢和氦

现在我们简要介绍氢和氦的形成过程，假定宇宙当时只有氦-4 这种最稳定的原子核形成，剩余的物质是氢原子核（即单个质子）。三个方面的物理性质很重要：

（1）质子比中子轻（$m_\mathrm{p}c^2 = 938.3\mathrm{MeV}$；$m_\mathrm{n}c^2 = 939.6\mathrm{MeV}$）；

（2）自由中子不是无限期存在的，通过与电子和反中微子的相互作用，它会衰变成质子，其半衰期长达 $t_\mathrm{half} = 610\mathrm{s}$；

（3）存在稳定的轻元素同位素，中子与它们结合后不会衰变。

高温时宇宙包含在高能状态下处于热平衡的质子和中子。随着宇宙冷却，温度逐渐下降至某一点时，它们不再是自由粒子，而是结合形成原子核。

在原子核形成之前，时间足够晚，以至于温度足够低，使质子和中子都是非相对论性的，这意味着 $k_\mathrm{B}T \ll m_\mathrm{p}c^2$。当这个条件满足时粒子将处于热平衡状态，满足麦克斯韦–玻尔兹曼分布，数密度 N（此处避免与中子的 “n” 混淆，在第 4 章以及其他章节用 n 表示数密度，N 表示数目）由下列公式给出：

$$N \propto m^{3/2} \exp\left(-\frac{mc^2}{k_\mathrm{B}T}\right) \tag{8.15}$$

每个种类粒子的比例常数是相同的，因此不需要写出来。因此中子和质子的相对密度是

$$\frac{N_\mathrm{n}}{N_\mathrm{p}} = \left(\frac{m_\mathrm{n}}{m_\mathrm{p}}\right)^{3/2} \exp\left[-\frac{(m_\mathrm{n}-m_\mathrm{p})c^2}{k_\mathrm{B}T}\right] \tag{8.16}$$

前因子通常是很接近于 1，因为质子和中子的质量差不多。指数因子也很接近 1，只要温度超过中子–质子质能差 1.3MeV，所以当 $k_\mathrm{B}T \gg (m_\mathrm{n}-m_\mathrm{p})c^2$ 时，宇宙中的质子和中子数目是几乎相等的。

中子和质子之间相互转化的反应公式为

$$\begin{aligned} \mathrm{n} + \nu_\mathrm{e} &\longleftrightarrow \mathrm{p} + \mathrm{e}^- \\ \mathrm{n} + \mathrm{e}^+ &\longleftrightarrow \mathrm{p} + \bar{\nu}_\mathrm{e} \end{aligned} \tag{8.17}$$

这里 ν_e 是电子中微子，$\bar{\nu}_\mathrm{e}$ 是它的反粒子。只要这些相互作用进行得足够快，即其碰撞率远大于宇宙的膨胀率，中子和质子将保持热平衡状态，其丰度由公式（8.16）确定。粒子之间转化反应进行得很快，直到温度降至 $k_\mathrm{B}T \sim 0.8\mathrm{MeV}$，之后相互作用的平均时间（碰撞率的倒数）远长于当时宇宙的年龄（膨胀率的倒数）。在该温度下，质子和中子的相对丰度成为固定值。因为这个温度比中子–质子质能差略小，公式（8.16）的指数变得重要，其相对数密度为

$$\frac{N_\mathrm{n}}{N_\mathrm{p}} \approx \exp\left(-\frac{1.3\mathrm{MeV}}{0.8\mathrm{MeV}}\right) \approx \frac{1}{5} \tag{8.18}$$

从此刻开始，唯一可以改变丰度的过程是自由中子的衰变。

从此轻元素的产生必须经历一个复杂的反应链，一方面核聚变形成核，另一方面光子分布的高能尾巴再次把它们打碎（就像第 6 章微波背景辐射的形成一样）。这种重要核聚变反应是

$$\begin{aligned} &\mathrm{p} + \mathrm{n} \rightarrow \mathrm{D} \\ &\mathrm{D} + \mathrm{p} \rightarrow {}^3\mathrm{He} \\ &\mathrm{D} + \mathrm{D} \rightarrow {}^4\mathrm{He} \end{aligned} \tag{8.19}$$

其中“D”代表一个氘原子核，“He”代表氦原子核。破坏过程在相反方向发生；随着宇宙冷却，它们变得越来越不重要，最终原子核的形成可以正常进行。事实证明，这种情况发生在约 0.06MeV 的宇宙能量处——类似于微波背景辐射的“高能尾巴”。这里应用于 2.2MeV 的氘结合能。一旦中子形成原子核，它们就变得稳定了。

在原子核，例如氦-4 出现之前，延迟到 0.06MeV 的时间足够长，使中子衰变成质子的反应并非可以完全忽略不计，尽管大多数中子确实存活了下来。为了计算出有多少中子衰变，我们需要知道在温度 $k_{\mathrm{B}}T \sim 0.06\mathrm{MeV}$ 时的宇宙年龄。公式（8.14）可以得出此时的宇宙年龄是 t_{nuc}，约等于 340s，惊人地接近于中子半衰期，即 $t_{\mathrm{half}} = 610\mathrm{s}$。中子衰变导致其数密度以指数 $\exp(-\ln 2 \times t_{\mathrm{nuc}}/t_{\mathrm{half}})$ 降低为

$$\frac{N_{\mathrm{n}}}{N_{\mathrm{p}}} \approx \frac{1}{5} \times \exp\left(-\frac{340\mathrm{s} \times \ln 2}{610\mathrm{s}}\right) \approx \frac{1}{7.3} \tag{8.20}$$

人们可能会考虑到中子的衰变也增加了质子的数量，但这是一个很小的修正。中子的半衰期与原子核形成所需的时间相当是一个非常匪夷所思的巧合；如果半衰期非常短，那么所有的中子都会衰变，只能形成氢核。

在早期宇宙中，在任何显著丰度中产生的唯一元素只有氢（H-1）和氦-4。后者的产生是因为它是最稳定的轻原子核，前者的产生是因为周围没有足够的中子让所有的质子结合，一些质子被剩下来了。因此我们可以估计它们的相对丰度，通常表示为氦-4 占宇宙的质量（而不是数密度）比例。因为每个氦原子核（He-4）包含 2 个中子, 氢原子核（H-1）不含中子，所以氦原子核中包含了所有的中子，氦-4 的数密度是 $N_{\mathrm{He\text{-}4}} = N_{\mathrm{n}}/2$。每个氦原子核重约 4 个质子的重量，所以氦-4 占宇宙的质量比例，被称为 Y_4：

$$Y_4 \equiv \frac{2N_{\mathrm{n}}}{N_{\mathrm{n}} + N_{\mathrm{p}}} = \frac{2}{1 + N_{\mathrm{p}}/N_{\mathrm{n}}} \approx 0.24 \tag{8.21}$$

因此这个简单的处理方法告诉我们，宇宙中大约 22%的物质是以氦-4 形式存在。注意，这是质量比例；因为氦-4 的重量是氢的四倍之多，这意味着每 4 个氢核有一个氦-4 核。

更详细的处理方法涉及跟踪整个核反应链，并仔细分析核反应率和宇宙膨胀率之间的平衡。这通常给出的答案是 23%至 24%的氦-4，其余部分几乎全是氢。我们也可以利用这个反应链跟踪估计早期宇宙形成的其他核的丰度。这些核是氘、氦-3 和锂-7。按质量计算，它们对宇宙的贡献分别约为 10^{-4}、10^{-5} 和 10^{-10}。

8.2.2 轻元素丰度的观测

值得注意的是，所有这些元素的丰度都是可测的，即使是锂-7。这可以对热大爆炸模型进行强有力的检验，包含 10 个数量级的丰度。我们发现仅有两个影响丰度的重要输入参数。

（1）宇宙中无质量中微子的数目影响了膨胀宇宙的温度–时间关系，从而影响核反应偏离热平衡的方式。到目前为止，我们假设在粒子相互作用的标准模型中有三种类型的中微子，但理论上其他种类的数量也是可能的。

（2）宇宙中的重子物质密度，它组成了原子核。如果重子的密度发生了变化，可以想象形成核的细节过程也会随之改变。重子的绝对密度 ρ_B 通常是通过密度参量 Ω_B 表示的，因为临界密度 ρ_c 中有一个系数 h^2，这意味着需要约束的是组合 $\Omega_B h^2$。

宇宙大爆炸模型的一个令人印象深刻的成功是发现只有当无质量的中微子种类的数目是 3 时，才能获得与观测到的元素丰度一致的结果，这与我们已知存在的三个种类（电子、μ 子和 τ）完全对应。20 世纪 80 年代末第一次获得这个结果时，没有独立的支持。但从那时起，欧洲核子研究中心的 LEP 实验（Large Electron-Positron collider, 即大型正负电子对撞机）已经证实，基于 Z_0 粒子的衰变，只有三种轻中微子。这是所预测的宇宙中微子背景确实存在的有力的间接证据。

一旦我们把中微子的数目固定为 3，那么输入参数只剩下 $\Omega_B h^2$ 或者重子的绝对密度 ρ_B。图 8.2 给出了以这两个参数为函数的元素丰度的理论预言。热大爆炸理论可以成功地再现观测到的轻元素的丰度，假设 $\Omega_B h^2$ 位于一个狭窄范围内。在锂-7 的情况下有个例外，预测的丰度具有正确的数量级，但是仍比测量值高约两倍，这种差异的起源目前还不清楚。虽然氦-4 的丰度非常不确定，并且目前也根本没有对氦-3 进行有用的测量，其原始丰度只有一个上限，但氘丰度可以从类星体光谱中的吸收特征中非常精确地测定。阴影垂直带是通过测量原始氘来确定的。方框表征带有不确定性的观察结果。事实上，核合成的上限甚至远低于观测的宇宙物质密度参量值 0.3，这也有力地支持了非重子暗物质的观点。

我们已经利用核合成测量了重子密度参量，那么也想知道反重子物质的密度是多少。在粒子物理中，每个粒子都有其对应的反粒子。然而，我们相信在宇宙中没有大量的反物质；物质和反物质结合在一起湮灭的信号很强，这早就观测到了。因此，我们的宇宙具有物质–反物质不对称性，由其内部的重子物质的数量来量化。

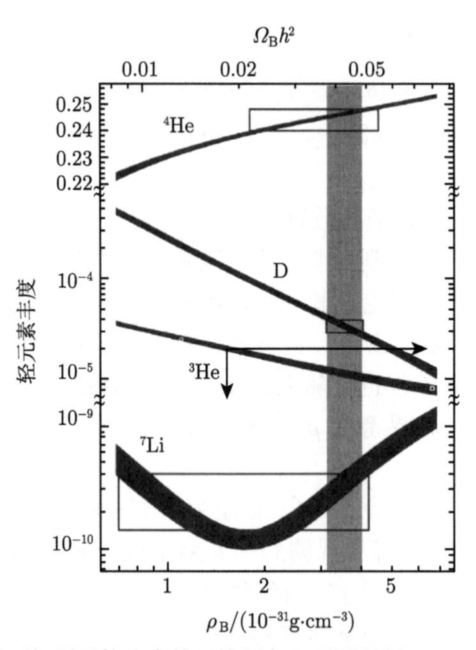

图 8.2　大爆炸核合成对轻原子核丰度的理论预言和观测限制（Burles,Nollett and Turner，1999）。横轴底部是重子密度 ρ_B，横轴顶部是重子密度参量 $\Omega_B h^2$。从上到下分别为元素氦-4、氘、氦-3 和锂-7，理论预言中的弥散是由于核反应截面的不确定性导致。方框显示了观测允许的丰度和与之匹配的参数范围。垂直带显示与氘丰度观测相匹配的范围

8.2.3　核合成与退耦的对比

由于核合成和退耦之间存在相似之处，因此记住它们的不同特征是很重要的。它们之间的区别来源于它们的原子形成和原子核形成过程的能量尺度的巨大差异，可由化学炸弹和核炸弹（注意：原子弹这个术语不确切）的巨大不同的破坏力来体现。宇宙温度仅在最初几分钟内（直到宇宙年龄为 400s）就热到足以摧毁核，而它能够破坏原子的时间超过了十万年。表 8.2 总结了它们的不同尺度和过程。特别地，只有退耦导致了微波背景辐射；核合成后，光子仍然能够与原子核和电子相互作用。

表 8.2　核合成与退耦的对比

	核合成	退耦
时间	几分钟	300000 年
温度	10^{10}K	3000K
特征能量	1MeV	1eV
过程	质子和中子形成原子核，电子仍是自由电子	原子核和电子形成原子
辐射	继续与原子核和电子发生相互作用	停止相互作用，形成微波背景辐射

习　　题

8.5　按照典型核反应的标准，中子半衰期 610s 是非常长的。

（1）如果这种半衰期很短（比如说 1μs），那么轻元素的产生会有什么后果？

（2）如果中子半衰期是 100s，估计在这样的情况下，一旦核合成结束，以氦形式存在的重子物质总质量的比例。

8.6　假设宇宙是电荷中性的，那么每个重子有多少电子？

8.7　退耦和核合成中哪一个是对大爆炸宇宙学的更强有力的检验？为什么？

第 9 章　宇宙的创生

在前面章节中，我们已经追寻了理论可描述的宇宙演化的几乎所有历史。从描述宇宙当前状态开始，然后成功地研究了退耦和核合成，进一步深思熟虑了暴胀作为宇宙早期演化的可能理论。现在我们导向终极问题：如果宇宙一直膨胀，那么它是不是必然有一个膨胀的开端即诞生的时刻？

9.1　初始奇点

从历史的角度而言，在 20 世纪 60 年代，人们相信宇宙中任何可能形式的物质都服从强能量条件。

$$\rho c^2 + 3p \geqslant 0 \tag{9.1}$$

在此假设下，我们从加速度方程

$$\frac{\ddot{a}}{a} = -\frac{4\pi G}{3}\left(\rho + \frac{3p}{c^2}\right) \tag{9.2}$$

立刻可以看出宇宙总是在减速。这使我们能够如下所示证明如果宇宙是均匀的，那么它必然有一个开端。

先假设宇宙没有经历减速膨胀，也没有加速膨胀。但是它现在正在膨胀，所以有

$$\dot{a} = \text{const} \Rightarrow a(t) = \text{const} \times (t - t_{\min}) \tag{9.3}$$

这意味着 $a(t)$ 在 $t = t_{\min}$ 时的值为 0。我们可以从今天的膨胀率 $H = \dot{a}/a$，得到

$$t - t_{\min} = H_0^{-1} = 9.77h^{-1} \times 10^9\text{yr} \tag{9.4}$$

所以，没有减速，也没有加速，而是匀速膨胀，那么宇宙的年龄等于哈勃时间 H_0^{-1}（如图 9.1 中虚线所示），也这也是我们在 4.3.4 节得到的空虚宇宙模型（图 4.11）。

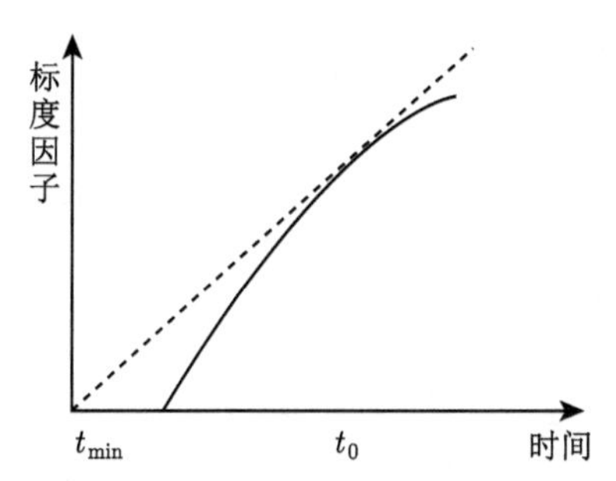

图 9.1 宇宙标度因子 $a(t)$。实线表示真实的（减速）标度因子 $a(t)$。从现在往早期外推的虚线显示了标度因子 $a(t)$ 可能为零的最早时间

实际上强能量条件保证了宇宙正在减速。这意味着真正的 $a(t)$ 必须向下弯曲，同时在当前时刻与没有减速膨胀的 $a(t)$ 具有相同的斜率，即如图 9.1 实线所示，它与虚线在 t_0 处相切。因为真正的 $a(t)$ 弯曲向下，那么它必然在比 $t_{\min}$ 稍晚时刻与 x 轴相交，即 $a=0$。所以，如果服从强能量条件，宇宙在过去的 $1/H_0$ 时期内，必定有一个时刻尺度因子的值为零。这一刻被称为宇宙大爆炸。大爆炸时，宇宙中的所有物质都挤压在一个密度无限大的点，我们已知的物理规律失效。出于这个原因，大爆炸也被称为初始奇点。

这种观点可能不直接适用于我们的宇宙，因为宇宙学常数的存在打破了强能量条件。在 4.3.7 节注意到，如果 Λ 足够大，则存在没有大爆炸的模型。但这些反弹模型被高红移天体的观测排除了，因此当前宇宙中 Λ 的存在并不被认为可以逃避上述论点。

然而，在 20 世纪 60 年代早期，人们认为这并不一定意味着宇宙存在最初的奇点，因为这个结论依赖于宇宙是均匀和各向同性的假设，现在我们知道它不是绝对正确的。人们相信，如果宇宙不是完全各向同性的，那么在坍缩（时间倒转）过程中，一些不规则现象可能会增长，这样宇宙可能以某种方式避开“挤压点”即“致密”奇点，然后再次膨胀开来。因此，当彭罗斯和霍金设法证明几个奇性定理时带来了极大震动，这些定理表明，在强能量条件假设下，初始奇点的存在是极其正常的。他们的研究结果暗示，确实有一个“大爆炸”。

然而从那时起情况变得模糊，因为大家普遍接受了“不必总是遵守强能量条件”这样一个关键的证据。事实上，已经看到，暴胀确实依赖于强能量条件的违反。这就是说，有可能存在一个更一般的、尚未发现的奇性定理的推广，它不需要强能量条件的假设。

最后，上述所有讨论均基于经典物理学。然而，人们普遍认为，当宇宙超过一定密度时，即使对于引力物理学来说，量子效应也一定很重要。当能量尺度等于或高于普朗克尺度时就会发生这种情况。普朗克尺度是由三个基本常数 G，$\hbar$

和 c 构成的特征尺度，来获得能量的量纲

$$E_{\mathrm{P}} \equiv \sqrt{\frac{\hbar c^5}{G}} = 1.22 \times 10^{19}\mathrm{GeV} \tag{9.5}$$

达到该能量密度的宇宙年龄等于普朗克时间

$$t_{\mathrm{P}} \equiv \sqrt{\frac{\hbar G}{c^5}} = 5.39 \times 10^{-44}\mathrm{s} \tag{9.6}$$

这就是物理学和宇宙学理论中涉及的最早的时间，甚至比人们认为暴胀发生的时间还要早。因此，驱动暴胀的机制是经典物理学的一部分，而不是量子物理学的一部分。

引力物理学和量子物理学的结合被称为量子引力，但遗憾的是，目前我们对量子引力理论可能涉及的内容没有确切的了解，特别是爱因斯坦的广义相对论似乎与量子力学不一致。一个调和广义相对论和量子理论的候选者是超弦理论（及其更现代的变体 M-理论）。

因此，宇宙是否真的经历过“大爆炸”这个问题仍然悬而未决，尽管我们知道，如果有什么奇怪的事件发生来阻止大爆炸的发生，那么它一定是宇宙演化非常早期阶段的特征。一种可能性是，宇宙起源于量子隧道贯穿，在某种程度上类似于原子核通过放射性衰变释放 α 粒子的情形。最令人费解的方面是，由于时间和空间不能独立于宇宙而存在，隧道贯穿必须是从无中产生的。这不仅意味着空虚的空间，而且宇宙的量子隧道贯穿来自一个空间和时间都不存在的状态！老子《道德经》写道“天下万物生于有，有生于无（nothing）”（无中生有）或者“道生一，一生二，二生三，三生万物”，这深刻体现了宇宙从无中产生的思想。

9.2　量子宇宙学（选学）

“我们从哪里来？宇宙是怎么开始的？为什么宇宙是这样的？它是一直延伸膨胀还是有极限？这一切是从哪里来的？我们要去哪里？如果你像我一样，看着星星，试着理解你所看到的，你就会开始想知道什么使宇宙存在。问题很清楚，看似简单，但直到现在答案一直是我们够不着的。”

——斯蒂芬 · 霍金（卢卡逊数学讲座教授，剑桥大学理论物理系）

量子宇宙学代表着一个至关重要的研究前沿，尽管它本质上有些推测性，但如果我们要了解宇宙的整个历史，理解这种推测是至关重要的。

从表面上看，“量子”和“宇宙学”这两个词在一些物理学家看来是天生水火不相容的。通常认为宇宙学是指宇宙的大尺度结构，而量子现象是指宇宙的非常

小的尺度结构。然而，如果热大爆炸对宇宙的描述是正确的，那么宇宙确实开始时难以置信地小，而且一定存在一个时期，量子力学应用于整个宇宙。

如果量子力学是一个普遍的理论，那么在最早的可想象的早期，即普朗克时期 $t_{\mathrm{P}} = 5.4 \times 10^{-44}$s（相当于 10^{19}GeV 的能量，或 1.6×10^{-35}m 的长度），某种形式的“量子宇宙学”是不可避免地重要。

初始条件 在经典物理学中，如果一个系统的初始状态被精确地限定，那么随后的运动将是完全可预测的。在量子物理学中，指定一个系统的初始状态允许我们计算在以后的任何其他状态中找到它的概率。支配宇宙的物理定律规定了初始状态是如何随时间演化的。宇宙学试图用这些物理定律来描述整个宇宙的行为。在将这些定律应用于宇宙时，你会立即遇到一个问题。物理定律应该适用的初始状态是什么？实际上，宇宙学家倾向于通过使用现在观测到的宇宙特性来理解早期宇宙的样子。事实证明，这种方法非常成功。

然而，它又使宇宙学家回到了初始条件的问题上。暴胀（早期宇宙中加速膨胀的时期）现在被认为是几个宇宙学问题的标准解释。为了使暴胀发生，宇宙一定是由一些处于高激发态的物质能量构成的。暴胀理论并没有解决为什么物质处于如此的激发状态的问题。要解决这一问题，需要一个关于前暴胀的初始条件的理论。这种理论有两个重要的候选者。第一个是由斯坦福大学的安德烈 · 林德提出的混沌暴胀。根据混沌暴胀理论，宇宙从一个完全随机的状态开始。在某些区域，物质将比其他区域更有活力，随后暴胀发生，产生可观测的宇宙。初始条件理论的第二个竞争者是量子宇宙学，它是量子理论在整个宇宙中的应用。起初，这听起来很荒谬，因为通常大尺度系统（如宇宙）遵循经典定律，而不是量子定律。爱因斯坦的广义相对论是一个经典的理论，它精确地描述了宇宙从存在的第一秒（严格而言 1/100s）到现在的演化过程。然而，众所周知，广义相对论与量子理论的原理不一致，因此不能恰当地描述发生在很小尺度或很短时间内的物理过程。要描述这种过程，需要量子引力理论。

量子引力与路径积分 量子引力目前还不存在自洽的理论，虽然在非引力物理学中，量子理论的方法被证明是最成功的，它涉及称为路径积分的绝妙数学方法。路径积分是由加州理工学院的诺贝尔奖获得者理查德 · 费曼引入的。在路径积分方法中，初始状态 A 的系统进化到最终状态 B 的概率是通过把从 A 开始到 B 结束的系统的每个可能历史的贡献相加得到的。因此，路径积分常被称为“历史求和”。对于大尺度系统，来自相似历史的贡献在求和中相互抵消，只有一个历史是重要的，也就是经典物理学所预言的历史。因此在给定这些数据的情况下，原则上可以使用路径积分来计算宇宙进化到任何其他规定状态的概率。然而，这仍然需要了解初始状态，并不能解释它。

边界条件 量子宇宙学是解决初始条件这个问题的一种可能的方法。1983 年，

斯蒂芬 · 霍金（Hawking）和詹姆斯 · 哈特尔（Hartle）发展了量子宇宙学理论，被称为“无边界设想”。路径积分涉及在四维几何体上的求和，这些几何体的边界与初始和最终三维几何体匹配。哈特尔和霍金的建议是简单地去掉最初的三维几何体，即只包括与最后三维几何体匹配的四维几何体。路径积分被解释为给出宇宙的概率，宇宙具有的某些性质（即三维几何边界性质）是从无到有的。

除了路径积分方法外，量子宇宙学还采用正则量子化形式，在 20 世纪 60 年代末建立，包括宇宙波函数 Φ 的定义，及其结构空间–超空间和它满足的惠勒–德维特（Wheeler-DeWitt）方程（WD 方程，J. A. 惠勒（1968）和 B. S. 德维特（1967））的演化。

20 世纪 70 年代，量子宇宙学的研究进入了一个停滞期，但在 80 年代中期，当对宇宙波函数施加适当的边界条件的问题得到认真对待时，量子宇宙学的研究又重新活跃起来。主要思想是，这样的边界条件应该描述“宇宙从无到有的创造，没有任何东西，它意味着空间和时间都不存在”。由此出现了许多关于这种边界条件的设想，其中两个主要的竞争者是哈特尔和霍金的依靠路径积分方法的“无边界”建议和 Vilenkin 的使用正则量子化方法的“隧道贯穿”设想。

虫洞　量子宇宙学（或相关）研究的另外两个重要领域是：① 量子虫洞与婴儿宇宙；② 超对称量子宇宙学。量子虫洞在 1988~1990 年间在粒子物理学界非常流行。当考虑量子引力路径积分公式中的拓扑变化时，就会出现这样的状态：量子虫洞是在欧氏路径积分中起重要作用的瞬时解。超空间上的量子场论，包括了创造和破坏宇宙的算符，即所谓的婴儿宇宙。超对称量子宇宙学是 20 世纪末最活跃的研究领域之一。在考虑宇宙的量子创造时，我们当然要处理宇宙存在的最早时期，那时人们相信超对称性还不会被打破。因此，从物理一致性的角度来看，包含超对称可能是至关重要的。

基本公式　当宇宙的演化在时间上被往回追踪，曲率和密度接近普朗克尺度时，人们会期望量子引力效应变得重要。因此，量子宇宙学是解决初始条件问题的自然框架，其中物质（或者能量）场和引力场都是量子化的。

量子宇宙学的主要目标是计算宇宙的量子态，通常用波函数来表示，人们希望用它来预测宇宙学观测的结果。如上所述，研究量子宇宙学的主要方法是路径积分和正则量子化方法的结合，这些方法来自一个至今还不完整的量子引力理论。由此，我们可以导出一个类似于薛定谔方程的方程，称为惠勒–德维特（WD）方程，即宇宙波函数所满足的方程。WD 方程将有许多解，因此为了使其具有预测能力，有必要提出一个初始或边界条件定律，只选出其中的一个解。最后，我们需要某种方案来解释我们计算的波函数。

在量子宇宙学中，整个宇宙被量子力学处理，用波函数而不是经典时空来描述。一个封闭的小宇宙可以自发地从虚无中集结产生，其中“虚无”不仅指物质的不存在，还指空间和时间的不存在。在量子宇宙学中，宇宙之外没有任何东西。量子隧道贯穿所创造的宇宙应该是封闭的，否则隧穿作用是无限的。从现在起，我们专门研究 $k=+1$ 的封闭罗伯逊–沃尔克度规。暴胀理论已经告诉我们这不影响后来的经典宇宙学的时空曲率。

通过解 WD 方程可以得到宇宙集结产生的更加完整的描述。本书只介绍正则量子化方法，而不是路径积分。两种方法的结果在一定条件下可以相互转换。

在量子宇宙学时期，与暴胀时期一样，宇宙只包含标量场和引力场。考虑相互作用的引力场和标量场的作用量 $S=\int L\mathrm{d}t$：

$$S=\int\left[R/(16\pi G)+\frac{1}{2}(\partial_\mu\phi)^2-V(\phi)\right]\sqrt{-g}\mathrm{d}^4x \tag{9.7}$$

其中度规和标量场都被限制为均匀和各向同性。因此，我们将模型的无限自由度减少到两个：$a(t)$ 和 $\phi(t)$，其中 $a(t)$ 是宇宙标度因子，而 $\phi(t)$ 是标量场，它的势为 $V(\phi)$。如前所述，我们假设宇宙是封闭的（$k=+1$），因为只有在这种情况下，宇宙作为一个整体才有一个非零的隧道贯穿的概率。把 $k=+1$ 的封闭罗伯逊–沃尔克度规代入上式化为

$$S=\int L(a,\dot{a},\phi,\dot{\phi})\mathrm{d}t \tag{9.8}$$

这里

$$L=T-V=\frac{3\pi}{4G}(1-\dot{a}^2)a+\pi^2a^3\dot{\phi}^2-2\pi^2a^3V(\phi) \tag{9.9}$$

为了对引力场和标量场相互作用的模型进行量子化，我们利用正则动量

$$\begin{aligned}P_a&=\frac{\partial L}{\partial\dot{a}}=-\frac{3\pi}{2G}a\dot{a}\\P_\phi&=\frac{\partial L}{\partial\dot{\phi}}=2\pi^2a^3\dot{\phi}\end{aligned} \tag{9.10}$$

和哈密顿量

$$\mathcal{H}=-L+P_a\dot{a}+P_\phi\dot{\phi}=-\frac{G}{3\pi a}P_a^2+\frac{1}{a\pi^2a^3}P_\phi^2-\frac{3\pi a}{4G}\left[1-\frac{8\pi}{3}Ga^2V(\phi)\right] \tag{9.11}$$

WD 方程满足

$$\mathcal{H}\psi=0 \tag{9.12}$$

这里 ψ 是描述整个宇宙的波函数。通过正则量子化

$$P_a \to -\mathrm{i}\partial/\partial a, \quad P_\phi \to -\mathrm{i}\partial/\partial \phi \tag{9.13}$$

求解 WD 方程可以得到超势

$$U(a,\phi) = \left[\frac{3\pi}{2a}\right]^2 a^2 \left[1 - \frac{8\pi}{3}Ga^2V(\phi)\right] \tag{9.14}$$

宇宙波函数 ψ 只是两个变量 a 和 ϕ 的函数即 ψ_t，因此在我们的模型中，超空间被简化为二维流形 $0 \leqslant a < \infty$，$-\infty < \phi < \infty$，这样的缩小超空间称为微超空间，它可以分为两个区域 $U(a,\phi) > 0$ 和 $U(a,\phi) < 0$，分别称为欧几里得区域和洛伦兹区域（如图 9.2 所示）。这种划分大体上与划分成一个经典禁区（波函数的行为是指数的）和一个经典允许区（波函数是振荡的）相一致。两个区域之间的边界是

$$U(a,\phi) = 0\text{或者}a^2 = \frac{3}{8\pi GV(\phi)} \tag{9.15}$$

在量子隧穿方法中，宇宙从分界线 $a = 0$（“无”表示“无经典时空”）穿过经典禁区进入经典允许范围。根据上式，势垒的宽度在 $V(\phi)$ 最大值处最小。

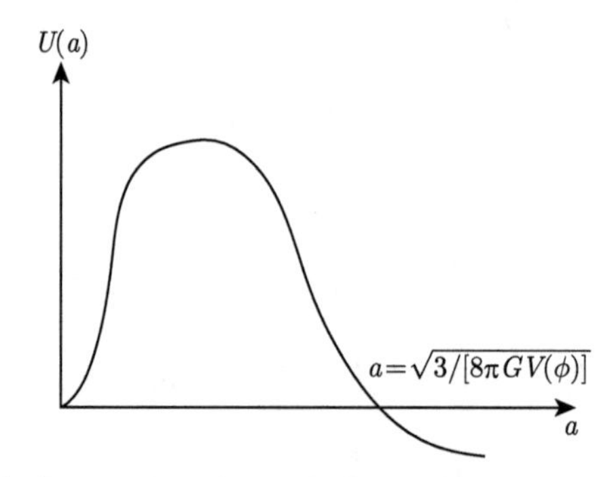

图 9.2　超势 $U(a,\phi)$。它是具有给定 ϕ 值的一维微超空间模型

令 $H^2(\phi) = \frac{8}{3}\pi GV(\phi)$，重写（9.14）式为

$$U(a,\phi) = \left[\frac{3\pi}{2G}\right]^2 a^2[1 - H^2(\phi)a^2] \tag{9.16}$$

因此，“无”（$a = 0$）通过势垒从经典允许范围（$a \geqslant H^{-1}(\phi)$）分离出来（如图 9.3 所示）。利用 WKB 近似，可以计算出宇宙产生的隧穿概率

$$P \propto \exp\left[-2\int_0^{H^{-1}(\phi)} [U(a,\phi)]^{1/2}\mathrm{d}a\right] \tag{9.17}$$

如图 9.3 所示为宇宙的隧道贯穿创造过程。

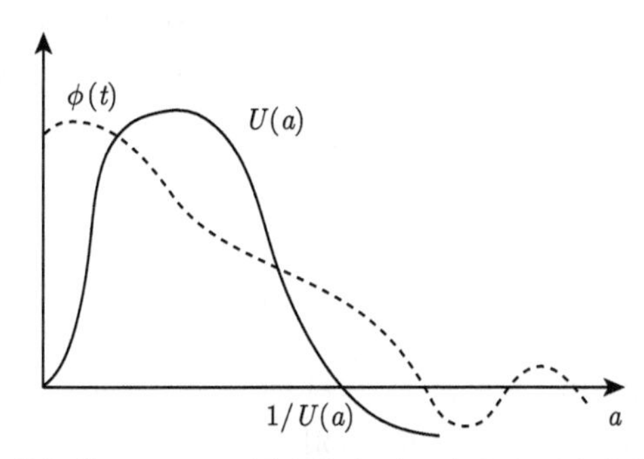

图 9.3 给定 ϕ 值超势 $U(a,\phi)$，用实线表示。虚线表示宇宙的隧穿波函数 $\phi(t)$

预言 考虑到量子宇宙学中的许多问题和不确定性，人们很容易形成这样的观点：现在谈论量子宇宙学的预言还为时过早。然而，重要的是研究我们期望量子宇宙学对宇宙做出的预测类型，以及实际评估这些预测的局限性。这里集中讨论其预测的两个关键领域。

（1）**密度扰动起源**。1992 年首次明确观测到的宇宙微波背景辐射的各向异性起源于宇宙早期的量子涨落，它可以用弯曲时空中量子场论的形式来描述。由于量子宇宙学的时代在某种意义上早于弯曲时空中量子场论的适用时代，因此人们希望能将原始扰动的起源追溯到量子宇宙学。

（2）**时间箭头**。普林斯顿大学著名的宇宙学家约翰 ·A· 惠勒教授说：“时间没有什么可奇怪的东西，奇怪的是时间里面发生了什么。当我们意识到时间是多么奇怪时，我们首先会理解宇宙是多么简单。”

为什么事情会按顺序发生？有可能回到过去吗？（我非常期望这样的情景会发生，因为我非常想念我的母亲，她在我校对和修改本书期间离开了我。）时间作为一个变量经常出现在大多数用来描述已知物理世界的数学方程中。然而，时间是倒流还是向前流失通常在数学上没有区别。但在我们的日常生活中，我们从来没有看到这种情况发生。在我们的经验中，在现实生活中时间总是被观察到只能无情地从过去到现在再到未来，这一事实被称为“时间之箭”。换句话说，时间箭头的概念是指描述事件之间的因果逻辑关系。

有人可能会说，如果物理学的基本定律是时间对称的，那么时间之箭可能起源于宇宙波函数的边界条件。宇宙中有许多不同的时间箭头。其中一些如心理时间之箭（这是我们的主观时间观，事实上我们只记得一个方向的事件，而不记得另一个方向；或者我们只记得过去）和电磁时间之箭（由麦克斯韦方程的延迟解来描述，不是描述无线电波和光的传播的高级方程——麦克斯韦方程），很可能被认为是产生于热力学第二定律的热力学时间箭头的结果。然而，宇宙的膨胀提供了另一种宇宙时间箭头，它与熵的增加没有明显的直接关系，但可以看到宇宙以不可逆的方式在时间上向前移动的历史。这种关系是否存在是一个可能被量子宇宙学解决的问题。目前宇宙学中的一个争论是，热力学箭头是由大爆炸之前的边界条件产生的，还是在大爆炸膨胀早期发展起来的。因此，时间之箭是我们生活的世界中的一个重要而神秘的属性。

习　　题

9.1　在辐射主导的宇宙中，宇宙在普朗克时刻的温度是多少？

9.2　量子宇宙学中两种主要的边界条件分别是什么？

9.3　在研究量子宇宙学时，基于的时空几何是什么？为什么？

9.4　密度扰动起源于什么时期？暴胀对它的作用是什么？

部分习题答案

第 2 章

2.3　$\rho_{\text{universe}} = \dfrac{10^{11} M_\odot}{1\text{Mpc}^3} \approx 10^{-26}\text{kg}\cdot\text{m}^{-3}$，$\rho_{\text{earth}} = 5.51\times10^3\text{kg}\cdot\text{m}^{-3}$。

2.4　这是一个开放性问题。因为宇宙在前一时刻在膨胀。

2.5　球坐标系（r，θ，ϕ）。

2.8　Sky Surveys 网址：https://arxiv.org/abs/1203.5111;

Astronomical survey 网址：https://en.wikipedia.org/wiki/Astronomical_survey；

LAMOST 网址：http://www.lamost.org/public/pilot。

2.9　如果宇宙偏离电中性，即有剩余电荷，会有强烈的库仑力产生。原始星云无法在引力的作用下形成天体结构。

2.10　约为千分之一秒差距。这距离远小于太阳系的大小。

第 3 章

3.2　高斯定理求解。

$4\pi GM = 4\pi G\int \mathrm{d}^3x\rho = \int \mathrm{d}^3x\nabla^2\Phi$，

$\nabla\Phi = \dfrac{GM}{r^2} = g$。

3.3　引力势能：$E_\text{p} = -\dfrac{GMm}{r} = \dfrac{Gm}{r}\dfrac{4\pi}{3}r^3\rho = -\dfrac{4\pi G}{3}m\rho r^2$，

动能：$E_\text{k} = \dfrac{1}{2}mv^2 = \dfrac{1}{2}mH_0^2r^2$，

逃离（非束缚态）：$E_\text{p} + E_\text{k} \geqslant 0$，可得 $\rho_M \leqslant \rho_\text{c} = \dfrac{3H_{0^2}}{8\pi G}$。

3.4　可以与在地面上向上抛小球作类比。两个星系之间的吸引力（类比地球与小球之间的吸引力）抵消宇宙膨胀（类比小球的惯性），两个星系不随宇宙膨胀而互相远离（类比小球“逃离”地球）。结合习题 3.3 可知，是否能逃脱引力与宇宙的空间密度有关。

第 4 章

4.3　最大的物理距离 $s = \pi a_0/(2\sqrt{k})$。

4.4　能量永远守恒。

4.5　$1+z_1 = a_0/a_1$；$1+z_2 = a_0/a_2$；$1+z_{12} = a_1/a_2$。

4.6 红移。宇宙先膨胀后收缩可以抵消红移，使红移 $z=0$。

4.7 $s(t)=x(t)a(t)$，$v(t)=\dfrac{\mathrm{d}s(t)}{\mathrm{d}t}=\dfrac{\mathrm{d}x(t)}{\mathrm{d}t}a(t)+x(t)\dfrac{\mathrm{d}a(t)}{\mathrm{d}t}=\dfrac{\mathrm{d}x(t)}{\mathrm{d}t}a(t)+H(t)s(t)$。

4.8 （1）35Mpc；（2）70Mpc。

4.9 弗里德曼方程对时间求导：$2\dfrac{\dot{a}}{a}\dfrac{a\ddot{a}-\dot{a}^2}{a^2}=\dfrac{8\pi G}{3}\dot{\rho}+2\dfrac{kc^2\dot{a}}{a^3}$，将加速度方程和弗里德曼方程代入上式即可得到流体方程。

4.10 弗里德曼方程：$H^2=\dfrac{8\pi G}{3}(\rho_M+\rho_R+\rho_\Lambda)-\dfrac{k}{a^2}$，其中 $\rho_M\propto a^{-3},\rho_R\propto a^{-4},\rho_\Lambda\propto$ 常数，$\rho_k\propto a^{-2}$。所以辐射在宇宙早期占主导，宇宙学常数在宇宙晚期占主导。

4.11 对于静态宇宙，有 $\dot{a}=0,\ddot{a}=0$，加速度等于零给出 $\Lambda=4\pi G\rho$，且 Λ 和 ρ 都为正，所以曲率必须为正。

4.13 转化为势能。

4.15 （1）$\rho(a)$ 通过流体的连续性方程 $\rho(a)\propto a^{-3\gamma}$ 可解得，$a(t)$ 通过（$k=0$ 的）弗里德曼方程 $a(a)\propto t^{2/(3\gamma)}$ 可解得，可得 $\rho(t)\propto t^{-2}$。

（2）如果 $p=-\rho c^2$，$\rho=\rho_0$，$a\propto\exp\left(\sqrt{\dfrac{8\pi G\rho_0}{3}}t\right)$。

（3）$\gamma=2/3$，$a(t)\propto t$。

4.16 （1）如图所示。

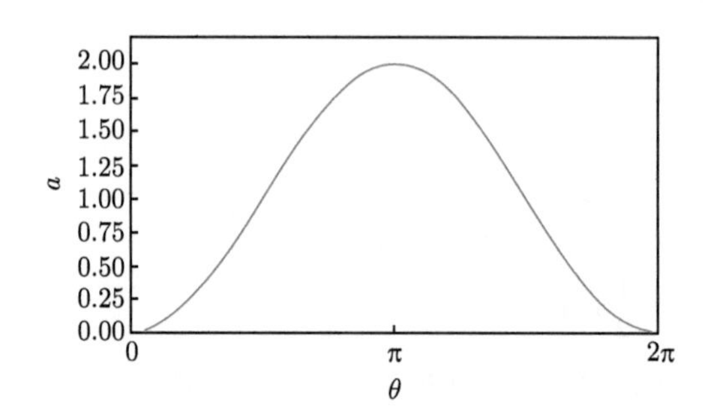

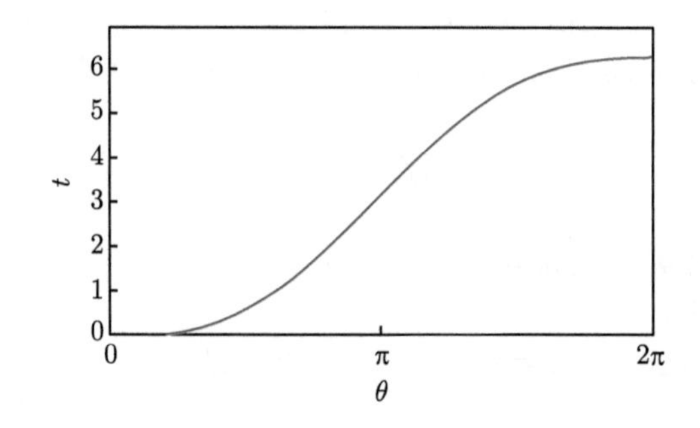

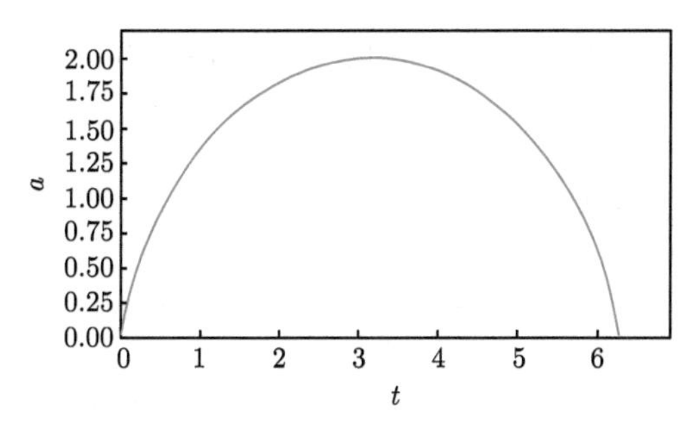

习题 4.16 图　标度因子 a、宇宙时间 t 和参数 θ 之间的关系

（2）$a(t) \propto t$,　$\rho(t) \propto t^{-3}$。被曲率项支配是一种永远持续的稳定状态。

4.17　（1）$c = R\sin\theta \times 2\pi = 2\pi R\sin(r/R) = 2\pi\dfrac{\sin\theta}{\theta}r$。

（2）$\theta \ll 1$，即 $r \ll R$，$\sin(r/R) \approx r/R$，可得 $c = 2\pi r$。对于赤道圆：$c = 2\pi R = 4r$，$\theta = \pi/2$。

（3）半径在 $(r, r+\mathrm{d}r)$ 范围内的环形区域的面积为 $\mathrm{d}S = 2\pi R\sin(r/R)\mathrm{d}r$，该区域内的星系数为 $\mathrm{d}N = n2\pi R\sin(r/R)\mathrm{d}r$。半径 r 的圆以内的星系数为 $N(<r) = \int_0^r \mathrm{d}N = 2\pi nR^2\left[1-\cos\dfrac{r}{R}\right]$。

（4）$r \ll R$，则 $1-\cos(r/R) \approx \dfrac{1}{2}(r/R)^2$，可得 $N(<r) \approx n\pi r^2$。

（5）$N_{\text{sphere}} < N_{\text{flat}}$。

4.18　不可以。

4.19　（1）共形时间：$\mathrm{d}\eta = \mathrm{d}t/a$；物质为主：$a \propto t^{2/3}, \eta = A\int t^{-2/3}\mathrm{d}t \propto a^{1/2}$；辐射为主：$a \propto t^{1/2}, \eta = A\int t^{-1/2}\mathrm{d}t \propto a$。

（2）从弗里德曼方程求解。

4.21　辐射为主的宇宙：$p = \dfrac{1}{3}\rho c^2$,　$\rho + 3p/c^2 = 2\rho$，加速度方程化为 $\dfrac{\ddot{a}}{a} = -\dfrac{8\pi G}{3}\rho$。上式取 $t = t_0$，在等式两侧同时除以 H_0^2 可以得到 $q_0 = \Omega_M$。

4.22　$\omega < -\dfrac{1}{3}$。

4.24　（1）$\Omega_M \approx 0.003$，$\Omega_\Lambda \approx 0.997$。

（2）未来时期，弗里德曼方程的解：$a(t) = a_0\mathrm{e}^{Ht}$。

（3）-1。

4.25　根据式（4.154）$q_0 = \dfrac{\Omega_M}{2} - \Omega_\Lambda$，可得宇宙在 $z \simeq 0.67$ 时开始加速。

4.26　（1）$d_L = \dfrac{a_0}{\sqrt{k}}(1+z)\sin\left(\dfrac{\sqrt{k}}{a_0}d_{\text{phys}}\right)$。

（2）对于遥远天体：

（a）红移使得 d_L 相较于 d_{phys} 增长更快；

（b）球面几何效应：相同的半径下，封闭宇宙对应的面积小于平坦宇宙，单位面积的流量更大，光度距离更小。

4.27　（2）$\theta = \dfrac{l}{3ct_0}\dfrac{(1+z)^{3/2}}{(1+z)^{1/2}-1}$。

（3）当 z 极小时，$\theta \propto 1/z$；当 z 极大时，$\theta \propto z$。

（4）由 $\dfrac{\mathrm{d}\theta}{\mathrm{d}z}=0$，可得在红移 $z=5/4$ 处的天体张角显得最小。

4.28　（3）当 $\Omega_M=1$ 时，$r(z)=2cH_0^{-1}\left(1-\dfrac{1}{\sqrt{1+z}}\right)$，$d_L(z)=r(z)(1+z)$，$d_A=\dfrac{r(z)}{1+z}$。

4.29　（1）$N(>S)\propto S^{-3/2}$。

（2）当 S 减小时，N 急剧增加。可以得出，在流量极限时，我们可以探测到最多的源。

第 5 章

5.1　可以。

5.2　暴胀：$\ddot{a}>0,\quad \dot{a}>0$，可得 $m>1$。

5.3　（1）当 $t=2\times10^{-31}$s 时，温度为 3×10^{25}K。

（2）有 $T\propto 1/t$，可得当 $t=2\times10^{-6}$s 时，宇宙温度降到 3K。

5.4　（1）$T=3\times10^{18}$K。

（2）今天 $\Omega_{\rm mon}/\Omega_\gamma$ 约为 10^{18}。

（3）约为 10^6。

第 6 章

6.1　频率为 $f=3.3\times10^{15}$Hz，温度为 $T=53000$K。

6.2　（1）$f_{\rm peak}\approx3.4\times10^{14}$Hz，近红外波段。

（2）$f_{\rm peak}\approx1.6\times10^{11}$Hz，$\lambda=c/f=0.19$cm，属于微波波段，微波背景的总能量密度为 $\epsilon_\gamma=\alpha T^4=4.17\times10^{-14}\mathrm{J\cdot m^{-3}}$。

6.3　$T\approx5700$K。

6.4　很多分子（例如水）都是电偶极子。微波炉会产生方向交替的电场，电偶极子会在电场的作用下转动，从而达到加热食物的效果。

6.5　（1）$T\approx2\times10^{10}$K。

（2）质量密度约为 $2\times10^9\mathrm{kg\cdot m^{-3}}$。

（3）宇宙的密度约为水密度的一百万倍，当宇宙的密度与水的密度相匹配时，$t\approx1000$s。

6.6　温度与今天一致。

6.7　（1）$n_{\rm e}=2\times10^{17}\mathrm{m^{-3}}$；非相对论的。

（2）$\lambda_{\rm MFP}\approx7.5\times10^{10}$m。

（3）约 250s，远小于当时宇宙的年龄。

6.8 最后散射面的半径约为 $2000\text{Mpc}\cdot\text{h}^{-1}$。低估真实值的原因是忽略了光传播过程中宇宙膨胀的影响。可观测宇宙中的星系数量约为 10^{11}。

第 7 章

7.1 $\sigma \approx G_{\text{F}}^2 k_{\text{B}}^2 T^2$。相互作用速率 $\Gamma = n\sigma v$，其中 $v \approx c$，综合可证：$\dfrac{\Gamma}{H} \approx \left(\dfrac{k_{\text{B}}T}{1\text{MeV}}\right)^3$。

7.2 湮灭之前 $g_* = 2 + 4 \times 7/8 = 11/2$，湮灭之后 $g_* = 2$。考虑到 $g_* T^3$ 守恒，即可证明。

7.3 （1）红移：$1 + z_{\text{nr}} \approx m_\nu c^2/(3k_{\text{B}}T)$；

（2）$z_{\text{nr}} \approx 20000$；

（3）约为 8Mpc。

第 8 章

8.1 （1）$3\left(\dfrac{4}{11}\right)^{4/3}$。

（2）0.068。

8.2 （1）根据习题 8.1，可得 $n_\nu \approx 2.5 \times 10^8\text{m}^{-3}$。

（2）每秒穿过身体的中微子个数约为 10^{16}。

8.3 当宇宙的温度为 10^7K 时的年龄约为 4×10^6s，宇宙是辐射主导。当宇宙中典型的粒子能量为 100GeV 时，宇宙的年龄约为 4×10^{-10}s，宇宙的温度是 10^{15}K。

8.4 $\Omega_\gamma(t_{\text{dec}}) \sim 0.04$。

8.5 （1）只会形成氢。

8.6 每个重子有 8/9 电子。

第 9 章

9.1 $T_{\text{P}} \approx 8 \times 10^{31}$K。

参考书目、文献和网络资源

何香涛. 2002. 观测宇宙学. 北京：科学出版社.

梁灿彬，周彬. 2009. 微分几何入门与广义相对论. 北京：科学出版社.

赵峥，刘文彪. 2010. 广义相对论基础. 北京：清华大学出版社.

梁灿彬，曹周键. 2013. 从零学相对论. 北京：高等教育出版社.

Dodelson S. 2016. 现代宇宙学//现代物理基础丛书. 张同杰，于浩然, 译. 北京：科学出版社.

Abbott B P, Abbott R, Abbott T D, et al. 2016. Observation of gravitational waves from a binary black hole merger. Physical Review Letters, 116(6): 061102.

Borner G. 2003. The Early Universe: Facts and Fiction. Berlin Heidelberg New York: Springer-Verlag.

Bowman J D, Rogers A E E, Monsalve R A, et al. 2018. An absorption profile centred at 78 megahertz in the sky-averaged spectrum. Nature, 555(7694): 67-70.

Burles S, Nollett K M, Turner M S. 1999. Big-bang nucleosynthesis: linking inner space and outer space. Text of a poster on the theme "Great Discoveries in Astronomy in the Last 100 Years" produced for the APS Centennial Meeting.

Dodelson S. 2003. Modem Cosmology. San Diego: Academic Press (Elsevier).

Hubble E. 1929. A relation between distance and radial velocity among extra-galactic nebulae. Proceedings of the National Academy of Sciences of the United States of America, 15(3): 168-173.

James B, Scott T. 2011. Galactic Dynamics//Princeton Series in Astrophysics. 2nd ed. Princeton: Princeton University Press.

Liddle A. 2015. An Introduction to Modem Cosmology. 3rd ed. Hoboken: John Wiley &Sons. Ltd.

Ma C, Zhang T J. 2011. Power of observational Hubble parameter data: a figure of merit exploration. Astrophysical Journal, 730(2): 74.

Mather J C, Cheng E S, Eplee R E, Jr., et al. 1990. A preliminary measurement of the cosmic microwave background spectrum by the Cosmic Background Explorer(COBE) satellite. Astrophysical Journal, 354(172): L37-L40.

Milne E A. 1948. Kinematical Relativity. Oxford: Clarendon Press.

Peacock J A. 1999. Cosmological Physics. Cambridge: Cambridge University Press.

Peebles P J E. 1971. Physical Cosmology. Princeton: Princeton University Press.

Peebles P J E. 1980. The Large-Scale Structure of the Universe. Princeton: Princeton University Press.

Peebles P J E. 1993. Principles of Physical Cosmology. Princeton: Princeton University Press.

Perlmutter S, Aldering G, Goldhaber G, et al. 1999. Measurements of Q and Λ from 42 high-redshift supernovae. Astrophysical Journal, 517(2): 565-586.

Qiang Y, Zhang T J. 2006. The OmegaDE-OmegaM Plane in dark energy cosmology. Modern Physics Letters A, 21(1): 75-87.

Riess A G, Filippenko A V, Challis P, et al. 1998. Observational evidence from supernovae for an accelerating universe and a cosmological constant. The Astronomical Journal, 116: 1009.

Wan H Y, Yi Z L, Zhang T J, et al. 2007. Constraints on the DGP Universe using observational Hubble parameter. Physics Letters B, 651(5-6): 352-356.

Yi Z L, Zhang T J. 2007a. Constraints on holographic dark energy models using the differential ages of passively evolving galaxies. Modern Physics Letters A, 22(l): 41-53.

Yi Z L, Zhang T J. 2007b. Statefinder diagnostic for the modified polytropic Cardassian universe. Physical Review D, 75(8): 083515.

Yu H R, Emberson J D, Inman D, et al. 2017. Differential neutrino condensation onto cosmic structure. Nature Astronomy, 1: 0143.

Yu H R, Yuan S, Zhang T J. 2013. Nonparametric reconstruction of dynamical dark energy via observational Hubble parameter data. Physical Review D, 88(10): 103528.

Zhai Z X, Wan H Y, Zhang T J. 2010. Cosmological constraints from radial baryon acoustic oscillation measurements and observational Hubble data. Physics Letters B, 689(1): 8-13.

Zhang C, Zhang H, Yuan S, Liu S G, Zhang T J, Sun Y C. 2014. Four new observational $H(z)$ data from luminous red galaxies in the Sloan Digital Sky Survey data release seven. Research in Astronomy and Astrophysics(RAA), 14(10): 1221-1233.

https://aether.lbl.gov/www/projects/cobe/.

https://imagine.gsfc.nasa.gov/science/toolbox/toolbox.html.

https://map.gsfc.nasa.gov/.

https://www.icoursel63.org.

https://www.nasa.gov/.

https://www.sdss.org/.